식욕이 왜 그럴 과학

식욕이 왜 그럴 과학

박승준 지음

오늘도 침샘 폭발!
내 맘 같지 않은 입맛의 비밀

진짜 내 입맛을 찾아서

세상이 많이 달라졌다고 하지만, 여전히 겉으로 보이는 외모는 사람을 평가하는 기준으로 여겨지지. TV나 SNS만 봐도 예쁜 얼굴과 날씬한 몸매를 칭찬하고 부러워하는 말들이 가득하잖아. 사회 분위기가 이렇다 보니 성인뿐만 아니라 아직 성장기인 청소년들도 일찍부터 다이어트를 결심하곤 해. 그런데 다이어트를 하겠다는 사람은 많은데 진짜로 성공한 사람은 찾기 어려워. 많은 사람이 목표 몸무게를 달성하더라도 머지않아 원래 몸무게로 돌아가거나 이전보다 더 살이 찌는 요요를 겪지. 그리고 다이어트 시도와 실패를 반복하는 무한 굴레에 빠지고야 말아.

참 이상하지 않아? 다이어트는 덜 먹고 많이 움직이면 성공한다는데, 왜 우리는 번번이 그 간단한 것을 실천하는 데 실패할까. 의지가 약하기 때문일까? 다이어트를 하겠다고 마음먹으면 왜 이리 먹고 싶은 게 많아지는지 의문일 거야. 시도 때도 없이 폭발하는 식욕의 정체는 대체 무엇일까?

뷔페에서 다섯 접시를 먹고도 디저트가 들어갈 틈이 생기는 이유, 맵고 짠 마라탕과 이가 아플 정도로 단 탕후루가 환상의 조화를 이루는 이유, 조금만 먹자고 뜯은 감자칩을 한 봉지 다 먹게 되는 이유에 관해 생각해 본 적 있어? 식욕은 외부 신호로 인해 음식을 먹고 싶어 하는 욕구를 말해. 인간은 살아갈 에너지를 얻기 위해 먹어야만 하지. 하지만 식욕은 생존을 위해서만 생기지 않아. 우리 몸에 칼로리나 영양소가 더 필요하지 않은 상태에서도 단순히 즐거움을 원해 식욕이 생겨날 수 있어.

흔히 다이어트는 의지의 문제라고 하지. 강한 의지로 식욕을 다스릴 수 있을 거라고 생각하지만 사실이 아니야. 식욕은 우리 몸의 호르몬에 의해 정교하게 조절되거든. 먹는 걸 무리하게 줄이는 다이어트는 호르몬 체계를 망가뜨려서 뇌를 변화시키고 쉬지 않고 계속 먹게 만들어. 식욕에 영향을 미치는 요인은 호르몬 말고도 또 있어. 사람들이 얼마나 많이, 자주 먹는지에는 사회적·문화적·심리적·진화적 요인도 중요한 역할을 하거든.

우리는 언제든 원하는 만큼 자유롭게 음식을 구할 수 있는 음식 천국에 살고 있어. 하지만 먹는 일은 점점 복잡해지고 있지. 우리 주변에는 성공을 보장한다고 하는 조언이 수많은 다이어트 방법이 떠돌고, '이걸 먹어라', '저건 먹지 마라' 하는 머리가 어지러울 정도로 쏟아지고 있어.

우리는 왜 과거보다 과식하기 쉽고 살이 더 잘 찌는 세상에 살게 되었을까? 어떻게 하면 필요 이상으로 먹지 않고 건강하게 살아갈 수 있을까? 인생의 반은 먹는 즐거움이라는데, 살찔 걱정 없이 즐겁게 먹을 수는 없을까? 음식과 건강한 관계를 맺으려면 어떻게 해야 할까? 어쩌면 이 책에서 이러한 물음의 답을 발견할지도 몰라. 지금부터 진짜 너의 입맛을 찾아 줄 흥미진진한 이야기를 들려줄게.

차례

들어가며

진짜 내 입맛을 찾아서 004

1장

식욕 폭발의 역사

지우's 다이어리

학교 끝나고 집에 돌아가는데 배가 너무 고팠어.

학원 가기 전에 뭘 먹을까 고민하면서 냉장고를 열었지.

어제 먹고 남은 라지 사이즈 피자 반 판이 눈에 들어오네?

전자레인지에 피자를 넣고 2분 돌렸어.

피자를 데우는 동안 냉장고에서 콜라(물론 건강을 위해

무설탕 제로 콜라)도 꺼냈어. 유튜브를 보면서 먹다 보니

피자 반 판을 10분 만에 뚝딱했지 뭐야.

디저트로는 딸기 요구르트(역시 건강을 생각해

저지방 요구르트)도 하나 먹었지.

배가 부른데 뭔가 아쉬운 기분이 들었어.

"오늘 쪽지 시험 100점 맞았잖아. 나한테 상을 주자."
냉장고에서 먹다 남은 초콜릿 케이크를 꺼내
한 조각을 먹었어. 그러고 나니 한 조각만
더 먹으면 좋겠다는 생각이 들더라.
"하나는 정 없으니 두 조각만 더 먹자…
세 조각까지는 괜찮지 않을까?
학원까지 걸어가면 되니까."

태초에 먹부림은 없었어

초콜릿 케이크를 먹기 시작하면 얼마든지 더 먹을 수 있을 것 같은 이유는 뭘까? 이제 막 배불리 밥을 먹었는데 초콜릿 케이크가 들어갈 공간이 배 속에 생기는 건 왜일까? 그밖에도 생각보다 많이 먹게 되는 음식이 많아. 과자나 치킨도 그렇지.

　현대는 바야흐로 먹부림 시대라고도 할 수 있어. '먹부림'이라는 말을 들어 봤을 거야. '먹다'와 '몸부림'을 합친 말인데, 음식을 과도하게 먹는 행위를 뜻해. 먹부림을 하려면 일단 주변에 먹을거리가 풍부해야겠지. 과거에도 먹부림을 했을까? 그 옛날 우리 조상들이 무엇을 먹고 살았는지 알아보자.

인류는 오랜 세월 수렵·채집을 하며 살아왔어. 그 시기를 구석기 시대라고 하지. 약 400만~1만 년 전의 구석기인은 씨앗과 열매를 비롯한 동물의 내장과 고기를 먹었어. 매우 다양한 종류의 음식을 함께 먹었던 거지. 인간은 불을 발견하고 사용하면서 몸 밖에서 먼저 음식을 소화하는 엄청난 변화를 경험했고, 더 많은 먹을거리를 구할 수 있었다고 해. 구석기인들의 수명은 매우 짧았지만, 제대로 먹었을 때 영양 상태는 양호했어. 또한 구석기인의 골격은 신석기인과 비교해 더 크고 튼튼했어. 몸무게도 대부분 평균에 속했지.

인류의 식생활은 농업과 함께 첫 번째 혁명적 변화를 맞이했어. 농업은 약 1만 년 전 중동의 초승달 지역에서 시작됐는데, 바로 신석기 문화의 시작이었지. 구석기 시대의 다채로운 식단은 신석기 시대로 오면서 굉장히 단순한 식단으로 바뀌었어. 수렵과 채집을 통해 얻은 다양한 먹을거리에서 보리, 쌀, 밀, 옥수수 같은 탄수화물이 주식이 된 거야. 하지만 농경 사회의 탄수화물은 지금같이 고도로 정제

된 곡물이 아닌 통곡물 위주였어. 대부분 도정이 덜 된 거친 음식이었지. 또한 야생동물을 가축으로 길들여 농사에 이용하고 먹기도 했어. 신석기인은 대체로 적정 체중이었지만, 구석기인보다 과체중인 사람이 조금 늘었어.

두둥! 과체중 등장이요

인류의 식생활에 일어난 두 번째 혁명적 변화는 1760년대 영국에서 시작된 산업혁명이 계기가 되었어. 농업 기술의 급격한 발전과 기계화 덕분에 수확량은 눈에 띄게 늘어났지. 농촌에 살던 노동자들은 도시로 몰려들었고 산업화의 원동력이 되었어. 도시가 커지면서 더 많은 식량을 공급하는 데 영향을 끼친 거야. 그러다 보니 농업의 기계화는 더욱 빨라졌어. 생산 속도와 양도 늘어나게 되었지. 그 결과 음식이 풍부해지면서 기근은 점차 줄어들었어.

1800년대 후반이 되면 제분소가 등장하면서 잘 정제된 곡물과 설탕이 본격적으로 식탁에 오르기 시작해. 그리고 20세기에 들어오면서 사람들은 고도로 정제된 탄수화물과 가공식품을 손쉽게 소비할 수 있게 되었지. 이를 '음식의 산업화'라고 불러. 다시 말해 서구식 식사가 시작된 건데, 요즘 우리가 주로 먹는 식사가 바로 서구식 식사야. 산업화된 음식은 가공식품을 말해. 자연식품보다 운반과 보관을 쉽게 하고 맛을 더 좋게 하려고 많은 공정을 거치는 음식이지. 가공식품이 널리 퍼지면서 비만 인구는 훨씬 늘어났어.

이렇게 현대의 먹거리 환경은 예전과 비교해서 많이 변했어. 과거 사람들은 자연식품을 약간 조리해서 먹었지만, 현대인은 여러 공정을 거친 가공식품을 많이 먹고 있지. 자연에서 난 신선한 음식을 주로 먹으면 식욕을 조절하는 호르몬의 균형이 깨지지 않아. 충분히 먹으면 숟가락을 내려놓기 마련이야. 그때는 지금처럼 과식하는 사람을 쉽게 찾아볼 수 없었어. 반면 현대인이 먹는 가공식품은 기호성이 매우 높아. 음식에서 얻는 즐거움이 크기 때문에 생각한 것보다 많이 먹을 가능성도 크다고 할 수 있어. 먹부림을 하는 사람이 많아진 이유로 볼 수 있겠지.

단식 아니면 폭식

지우's 다이어리

몇 시간째 유튜브에서 여자 아이돌의 무대 영상을 봤어.

"어떻게 이렇게 예쁜데 날씬하기까지 하지?"

친구들이랑 대화할 때 아이돌 이야기는

빠지지 않아. 노래와 춤 실력을 칭찬하면서도

결국 외모 이야기로 빠지곤 해.

부러질 것처럼 가는 다리로 힘차게 춤추는 모습이

신기할 정도야. 친구들은 아이돌의 다이어트 자극 사진을

보면서 살을 빼. 그래서인가, 요즘 나도 자꾸

다이어트를 해야 하나 하는 생각이 드는 거야.

난 지극히 정상 체중인데 말이야.

먹는 건 좋은데 살찌긴 싫고

지우처럼 정상 체중인데도 살쪘다고 생각하는 청소년이 전체의 40퍼센트나 된다는 조사 결과가 있어. 그중 저체중임에도 보통이라고 말하거나 뚱뚱하다고 생각하는 청소년은 13퍼센트가 넘는다고 해. 이를 '신체 이미지 왜곡 현상'이라고 하는데, 특히 여학생에게서 두드러지게 나타나.

마른 몸을 추구하는 청소년들이 많다고 해. 살찌는 게 죽는 것만큼 싫은 10대 사이에서 '뼈말라 인간'이라는 용어가 생길 정도야. 매우 극단적인 방법으로 다이어트를 하는 이들도 있어. 처음에는 음식의 종류와 양을 제한하는 것으로 시작하지만, 정도가 심해지면 폭식증(식욕 과다증)이나 거식증(식욕 부진증)으로도 발전해.

폭식증이란 살을 빼기 위해 굶다시피 하다가 통제력을 잃고 많이 먹는 걸 말해. 폭식 후에는 몸무게 증가에 대한 두려움과 죄책감에 시달리다가 억지로 먹은 것을 토하기도 하지. 흔히 '폭토'라고 불러. 한 조사에서 다이어트를 경험한 청소년 중 남학생은 약 2퍼센트, 여학생은 약 3퍼센트가 폭토를 해봤다고 답했어. 반면 **거식증**은 어떤 음식도 먹지 않겠다고 거부하는 증상이야. 최근에는 거식증을 찬성하는 사람들을 뜻하는 '프로아나'(pro-anorexia)가 청소년들 사이에서 유행하며 사회적인 문제로 떠오르기도 했지.

우리 사회에 존재하는 음식과 관련한 또 다른 병적인 현상은 너무 많이 먹는 것이야. 너무 적게 먹는 것보다 많이 먹는 경우가 흔하지만, 두 현상 모두 최근 증가하는 추세라고 해. 너무 많이 먹는 건 뭐가 문제일까? 몸무게가 늘어 비만이 되면 다양한 건강상의 문제가 생길 수 있지. 몸에 지방이 지나치게 쌓이면 제2형 당뇨병, 대사증후군, 고혈압, 수면무호흡증 등 합병증을 부르고, 암 발생률도 높이거든.

비만을 바라보는 시선

건강 문제 말고도 사람들이 살찌는 것을 싫어하는 이유가 있지. 비만인 사람들을 부정적으로 바라보는 사회적 인식도 한몫을 해. 사람들에게 뚱뚱한 사람의 사진을 보여 주고 떠오르는 이미지를 물어보면 뭐라고 답할까? 많은 사람이 "자기 관리를 못해 보인다"라거나 "건강하지 않아 보인다" 같은 부정적인 이야기를 해. "성격이 느긋해 보인다" 또는 "부유해 보인다"라는 긍정적인 답변은 많지 않았어.

'비만'이라는 단어에서 사람들이 떠올리는 일반적인 이미지는 의지가 약하거나 탐욕스러운 성격인 거야. 심지어 어린아이의 시선도 마찬가지였어. 한 연구에 따르면 6~10세 사이의 남자 어린이 90명이 비만한 사람을 '게으르다', '더럽다', '멍청하다', '못생겼다', '거짓말쟁이', 심지어 '사기꾼'이라고 묘사했어. 놀랍지 않아?

과거에는 뚱뚱한 몸을 바라보는 시선이 지금과 달리 우호적이었어. 교과서에서 봤을 텐데, 2만 년 전에 만들어진 〈빌렌도르프의 비너스〉와 〈로셀의 비너스〉 조각상에는 뚱뚱한 여성의 모습이 새겨져 있어. 중세 시대의 귀족들은 초상화를 그리거나 전신 조각상을 만들 때 자기 모습이 실제보다 더 풍만하게 담기기를 원했대. 〈밀로의 비너스〉 조각이나 〈비너스의 탄생〉 그림을 봐도 지금 우리가 선망의 대상으로 여기는 날씬한 몸은 찾아볼 수 없지. 또 다른 예로, 18세기 말 영국에 살던 대니얼 램버트는 키 180센티미터에 몸무게는 335킬로그램이나 나가는 초고도비만이었어. 당시 영국에서 가장 뚱뚱한 사람이었지. 하지만 사람들은 램버트를 굉장히 좋은 이미지로 바라봤다고 전해져.

우리나라 역시 먹고살기 어렵던 시절에는 뚱뚱함을 긍정적으로 인식했어. 1960년대에는 몸무게가 많이 나가는 오동통한 아기를 뽑는 '우량아 선발대회'가 열리기도 했지. '뱃살은 인품과 비례한다'라는 말도 흔히 했어. 부자만이 뚱 뚱해질 수 있는 때였으니까.

뚱뚱함은 불과 50여 년 전만 해도 부를 상징했어. 하지 만 요즘은 V라인 턱선, S자 몸매 등 군살 하나 없이 매끈한 사람들을 예쁘다고 하지. 이처럼 미의 기준은 시대에 따라 변하기 마련이야. 요즘 사람들의 인식은 어쩌다 이렇게 변 한 걸까?

뚱뚱한 게 죄?

20세기 초 미국에서는 뚱뚱한 사람들을 도덕적으로 판단하 기 시작했어. 그 계기 중 하나는 제1차 세계대전이었어. 전 쟁이 나면 먹을 게 부족해지니 식량 배급제를 시행해. 모두 정해진 양의 음식을 나눠 받아야 했지. 이때 뚱뚱한 사람이 배급을 받으러 나오면 "저 사람은 애국심이 없나 봐, 혼자 서 음식을 다 먹었나 보네" 하고 손가락질했다는 거야. 과 체중이 이기적이라는 평가를 받으면서 사람들은 살찌는 것 을 죄악시하게 되었다고 해.

또한 1900년대 초 영화 산업의 부흥은 날씬한 몸을 향한 열망을 부추겼어. 그 시기 사람들은 영화관 스크린 속 할리우드 스타들을 보며 그들을 닮고 싶어 했지. 할리우드 스타들은 이상적인 체형의 이미지를 형성하는 데 큰 영향을 끼쳤어. 실제로 미국에서는 1920~1930년대 중산층 여성을 중심으로 다이어트가 문화로 자리 잡았다고 해. 1930년대부터는 비만의 위험성을 경고하는 의학 지식이 본격적으로 쏟아져 나왔어. 뚱뚱한 몸을 부정적으로 바라보는 사람들의 인식은 더욱 널리 퍼져 나갔지.

이렇듯 너무 많이 먹거나 너무 조금 먹는 문제는 사회적·문화적·신체적 요인이 복잡하게 얽혀 있어서 쉽게 해결하기 어려워. 우리가 살아가는 사회 곳곳에 체중 증가를 불러오는 원인이 숨어 있지. 그렇기 때문에 자신의 체형에 불만을 느끼는 분위기가 심해지고 있어.

스트레스, 불안, 우울증을 겪으며 자존감이 떨어지는 사람들은 식욕과 관련한 질환이 생기기도 쉬워. 과식이나 폭식은 감정적으로 힘들 때 가장 쉽고 편하게 스스로를 위로하는 방법이기 때문이야. '마음에 이르는 길은 위장을 경유한다'라는 말도 있잖아.

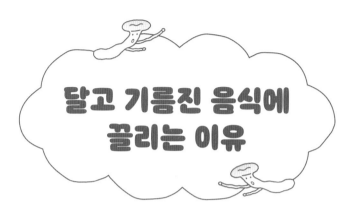

달고 기름진 음식에 끌리는 이유

지우's 다이어리

밤새 가며 공부한 덕에 중간고사 성적이 엄청 올랐어.

엄마가 성적만 오르면 뭐든 다 사준다고 했거든.

집에 갔더니 엄마가 먹고 싶은 거

말만 하라는 거야. 두말하면 잔소리!

내가 제일 좋아하는 음식은 피자야.

집 근처 레스토랑에 가서 네 가지 맛 치즈가 듬뿍

올라간 피자를 실컷 먹었어. 쭉쭉 늘어나는 치즈와

쫀득한 도우의 식감이 언제 먹어도 최고야.

디저트로 달콤한 초콜릿 아이스크림까지 싹싹

긁어 먹고 나니 기분이 날아갈 듯했어.

입맛의 변화는 인류 진화 때문?

우리는 왜 달고 기름진 음식에 끌릴까? 선조들에게서 그 이유를 찾을 수 있어. 수백만 년 전부터 지구에서 살아온 인류는 진화를 거듭하면서 뇌가 커졌고 지능이 발달했지. 지금 인류인 호모 사피엔스와 가장 가까운 유인원은 침팬지야. 침팬지의 뇌 용량은 300~400시시(cc)밖에 안 돼. 인간의 뇌 용량이 1,400~1,500시시인 것과 비교하면 꽤 차이가 나지.

또한 뇌는 '에너지의 블랙홀' 또는 '비싼 조직'이라고도 해. 그만큼 에너지를 많이 사용하거든. 뇌는 몸무게의 2퍼센트에 지나지 않지만, 우리 몸이 평소에 쓰는 에너지의 20퍼센트를 차지할 정도야.

우리 몸은 굶어 죽을 상황에서도 뇌는 끝까지 보호한다고 해. 최후의 보루인 셈이지. 극심한 굶주림이나 단식으로 몸무게가 크게 줄면 지방이 줄어들고 장기의 크기도 40퍼센트 가까이 작아져. 하지만 뇌는 크기가 겨우 2퍼센트밖에 줄지 않아. 거식증 환자에게서도 같은 증상이 발견된다고 해. 뇌가 얼마나 특별한 기관인지 알겠지?

크기가 커지고 에너지도 많이 쓰게 된 뇌를 유지하기

위해 인류는 어떤 노력을 했을까? 먹는 음식의 품질을 끌어올린 거야. 여기서 품질 좋은 음식이란 소화가 쉽고 에너지 밀도는 높은, 쉽게 말해 칼로리가 높은 음식을 가리켜. 이런 음식을 먹으면 채소를 먹을 때보다 소화기관은 일을 덜 해도 되니 에너지를 덜 쓸 수 있었지.

그러니까 소화기관이 일을 덜 해도 되니 에너지도 덜 쓰면서 뇌가 사용하는 에너지는 더 늘어날 수 있었어. 실제로 인간의 소화기관은 채식 위주로 먹는 침팬지의 소화기관보다 크기가 훨씬 작아. 채소는 소화하는 데 많은 에너지가 들거든. 그러면 어떤 음식이 소화하기 쉬운 데다 칼로리도 높을까?

단맛 사랑은 생존 본능

우리가 태어날 때부터 좋아하는 맛은 무엇일까? 단맛, 짠맛, 신맛, 쓴맛 아니면 감칠맛? 바로 단맛이야. 초콜릿 한 조각만 먹어도 미소가 절로 지어지잖아.

인류가 먹어 온 여러 음식 중에서도 단맛을 내는 음식만큼 안전한 음식은 없었어. 쓰거나 신 음식은 독이 있거나 상했다는 신호일 수 있으니 주의해야 했거든. 사람의 뇌는 많은 에너지가 필요한데, 단맛 나는 음식에 들어 있는 포도당은 그 목적에 딱 들어맞아. 뇌로 가는 포도당의 공급이 몇 분이라도 중단되면 혼수상태에 빠질 수 있어. 단맛을 좋아하는 것은 생존에 유리한 본능이었던 셈이지. 오늘날 우리가 마카롱, 글레이즈 도넛, 탕후루 같은 이가 아릴 정도로 단 음식에 열광하게 된 데에는 이런 배경이 있던 거야.

그 옛날 구할 수 있었던 단 음식은 꿀과 과일이었어. 지금이야 언제든 꿀을 사 먹을 수 있지만, 예전에는 꿀을 구하려면 벌에게 쏘일 각오를 해야 했어. 과일도 마찬가지야. 요즘은 하우스 재배를 해서 아무 때나 먹을 수 있는데 과거에는 제철에만 즐길 수 있었지.

단것보다 더 귀한 음식도 있었어. 바로 지방이 많고 칼로리가 높은 기름진 음식이야. 대표적으로 고기가 있는데, 고기를 구하려면 사냥을 해야 했지. 고기를 사냥하려면 때로 목숨을 걸어야 할 정도로 위험했어. 더군다나 사냥하는 데 에너지도 많이 들었어. 하지만 일단 사냥에 성공하면 동물의 고기뿐만 아니라 내장, 뇌, 골수 등 지방이 풍부한 먹을거리를 섭취할 수 있었지. 지방은 뇌와 신경계의 성장과 발육, 유지에 중요한 역할을 하거든. 그래서 인간은 지능이 더욱 발달했고 더 좋은 음식을 구할 수 있던 거야.

200만 년 전 인간은 불을 발견하면서 날것을 익혀 먹기 시작했어. 그러면서 식단의 질은 더욱 좋아졌지. 지금은 거의 모든 음식을 요리해서 먹잖아. 불을 이용해 요리하지 못했다면 우리는 여전히 침팬지처럼 살고 있을지도 몰라.

요리는 몸 밖에서 미리 소화하는 과정이라고 할 수 있어. 음식이 몸속에 들어오기 전에 소화하기 쉽게 만드는 거야. 익혀 먹으면 날것으로 먹을 때보다 더 많은 에너지를 얻을 수 있거든.

또 음식이 쉽게 부패하지 않게 하고, 감염성 질환도 막아 주니까 요리는 생존에 더욱 큰 영향을 미쳤지. 요리 덕분에 인간의 삶에 혁명적인 변화가 생겼어. 사람들은 불을 피우고 둘러앉아 음식이 익기를 기다리며 인내심을 배웠고, 서로 이야기하고 음식을 나눠 먹으면서 사회적인 동물로 발달했지.

굶주림에서 살아남은 비법

수렵·채집 시대와 농경 시대를 거치면서 풍요로운 시기도 있었겠지만 빈곤할 때도 많았겠지. 식량이 안정적으로 공급되지 않는 때가 더 흔했을 거야. 하물며 달고 기름진 귀한 음식은 어땠겠어? 여간해서는 맛볼 수 없었겠지. 우리는 식량 부족에 적응하도록 진화해 왔다고 볼 수 있어. 그럼 인류는 생존 가능성을 높이기 위해 어떤 방식으로 진화했을까?

이를 설명하는 이론이 '절약 유전자 가설'이야. 절약 유전자는 빈곤한 시기에 우리를 성공적으로 살아남게 해주었지. 먹을거리가 풍족한 시기에는 충분히 먹고, 남는 에너지는 지방으로 비축해서 다가올 굶주릴 때를 대비했어. 먹을 것이 부족한 시기에는 되도록 에너지 소비를 최소화했지. 이렇게 지방을 몸에 잘 저장하는 체질의 사람은 생존에 유리해. 요즘에야 살이 잘 안 찌는 사람을 부러워하지만, 예전에는 이런 사람들은 살아남기 힘든 저주받은 체질이었어.

현대는 다르지. 우리 조상들이 귀하게 여겼던 기름지고 단맛 나는 음식을 어디서든 쉽게 구할 수 있잖아. 우리는 귀한 음식을 좋아하고 많이 먹도록 설계된 셈이니, 달고 기름진 음식은 과식하기 쉬울 수밖에 없지. 몸무게가 늘어나는 사람이 많은 것도 당연해 보여.

과식을 부르는 현대인의 식습관

지우's 다이어리

엄마가 TV에서 건강 프로그램을 보길래

옆에 앉아서 아무 생각 없이 보다가 뜨끔했어.

건강을 위해서는 단 음료보다 물을 마셔야

한다는 거야. 듣고 보니 바로 내 얘기였어.

난 물보다 음료수를 더 많이 마시는 것 같아.

눈 뜨면 물 대신 새콤달콤한 오렌지 주스를 마시고,

밥을 먹거나 목이 마르면 탄산음료를 찾거든.

음료수를 마셔도 갈증은 해소되는 거 같은데

도대체 뭐가 문제인지 모르겠어.

간식은 일상, 주말에는 폭식

'You are what you eat'이라는 문장 들어 봤어? '당신이 먹는 것이 곧 당신이다'라는 말이야. 그만큼 무얼 먹는지가 중요하다는 얘기지. 제대로 잘 먹는 것의 중요성은 아무리 강조해도 지나치지 않아. 그런데 현대 사회는 우리를 과식으로 이끌어 제대로 잘 먹지 못하게 하지. 현대인은 왜 과식하기 쉬울까? 예전과 비교해 식습관이 많이 변했기 때문이야. 요즘은 간식을 입에 달고 사는 사람이 흔하잖아. 우리가 흔히 먹는 간식들에는 특징이 있어. 과거에는 귀했던 달고 기름진 음식이란 거야. 그러니 우리는 간식의 유혹에 쉽게 넘어갈 수밖에 없지.

예전에는 간식을 먹는 습관이 거의 없었어. 끼니와 끼니 사이에 느끼는 허기는 당연했고, 그 허기는 다음 식사를 맛있게 먹게 하는 식욕 촉진제 역할을 했지. 그런데 1970년대 말부터 식품업계는 다양한 간식을 내놓았어. 사람들의 식습관은 간식을 팔기 위한 광고가 나오면서부터 바뀌기 시작한 거야. 식사 전에 간식을 먹어도 밥맛이 떨어지지 않고 오히려 집중력이 높아진다는 내용의 광고도 있었어. 특히 어린아이들을 겨냥한 광고가 많았지. 수많은 광고에 노출된 사람들은 서서히 군것질을 시작하게 된 거야. 그렇게 언제든 어디서든 무엇이든 먹는 간식 문화가 널리 퍼져 나 갔지.

　미국에서 시행한 연구에 따르면, 1977~1978년까지는 하루에 2번 이상 간식을 먹는 사람은 전체의 28퍼센트 정 도였대. 하지만 1994~1996년에는 그 비율이 45퍼센트로 늘었다고 해. 2015년 통계에서는 1인당 하루 평균 군것질 횟수가 2.7회로 역대 최고치를 보였다고 하고. 미국 소비자 의 46퍼센트가 간식을 하루에 3번 이상 먹는다고 답할 정 도였어. 현대인은 군것질로 하루 평균 580킬로칼로리(kcal) 를 섭취한다고 하는데, 이는 하루 먹는 양의 4분의 1을 차 지하는 거야.

　보통 오이나 당근을 간식으로 먹지는 않지. 식품회사 들이 내놓은 군것질거리는 작은 봉지에 하나씩 포장된 사 탕, 금박 포장지에 싸인 초콜릿, 빨대로 먹는 가당 음료, 전 자레인지용 팝콘, 짜 먹는 요구르트처럼 간편하게 먹을 수 있는 것들이야. 우리가 하루 동안 먹는 간식의 크기와 양, 칼로리는 예전보다 많이 늘었어. 간식을 네 번째 식사라고 부를 수 있을 정도야. 간식을 파는 식품회사들의 수익이 늘 어남과 동시에 사람들의 허리둘레도 같이 늘어났지.

그런데 그거 알아? 우리는 대부분 주말에 더 많이 먹어. 조사에 따르면 우리나라 사람들은 토요일에 가장 많이 먹는다고 해. 평일보다 남자는 169킬로칼로리, 여자는 100킬로칼로리를 더 섭취하는 것으로 나타났어. 주말에는 치킨, 피자, 라면, 탄산음료 같은 고칼로리 음식을 먹는 경우가 평일보다 잦아서 칼로리 섭취량이 많아지는 거지. 미국 사람들도 마찬가지야. 미국 성인들은 주말에 주중보다 115킬로칼로리 이상을 더 섭취한다고 해.

2인분이 된 1인분

1960년대 미국 텍사스에서 영화관을 운영하던 데이비드 월러스타인은 어떻게 하면 관객들에게 팝콘을 더 많이 팔 수 있을지 고민했어. 영화 티켓보다 스낵을 파는 게 훨씬 이득이었거든. 사람들은 보통 팝콘이나 콜라를 한 번만 사잖아. 모자르다고 이어서 또 사지는 않지. 그 시절도 마찬가지였어. 그래서 월러스타인이 떠올린 아이디어는 팝콘의 양을 두 배로 늘리는 거였어. 대신 가격은 조금만 올렸다고 해. 사람들은 돈을 조금 더 내고 팝콘의 양은 두 배로 받으니 너무 좋아했지. 덕분에 영화관 매출이 아주 많이 올랐어. 음식 가격에서 원가가 차지하는 비율은 크지 않았고, 팝콘 한 가지만 많이 준비하면 되니 효율성을 높일 수 있어 업주에게는 이득이었던 거야.

1960년대 말 맥도날드의 마케팅 책임자가 된 월러스타인은 맥도날드의 메뉴를 크게 만들기 시작했어. 햄버거와 감자튀김, 탄산음료의 크기가 두 배로 커졌지만, 역시 가격은 조금밖에 오르지 않아 소비자로서는 마다할 이유가 전혀 없었지. 맥도날드에서 출발한 음식의 대형화는 다른 패스트푸드 기업으로 퍼졌고, 곧 다른 기업들도 이를 모방해 나갔어. 햄버거뿐만 아니라 피자, 팝콘, 커피 등 모든 음식의 크기가 커진 거야. 1960년대의 1인분과 비교해 2011년의 1인분은 크기가 두 배 정도 커졌다는 것을 알 수 있어.

맥도날드는 햄버거와 감자튀김 그리고 탄산음료를 하나로 묶어 파는 세트 메뉴를 만들기도 했어. 주문할 때 세트 메뉴의 유혹을 느껴 봤을 거야. 햄버거 하나 가격에 돈을 조금 더 보태면 감자튀김과 탄산음료를 함께 먹을 수 있잖아. 단품으로 사면 뭔가 손해를 보는 기분이 들지. 세트 메뉴는 같은 가격에 더 많은 음식을 먹는 듯해서 알뜰한 소비를 했다고 생각하게 해. 하지만 정말 그럴까? 세트 메뉴를 선택한다면 결국 돈을 더 내야 해. 단품보다 분명 비싸지. 가격 대비 칼로리는 올라가고, 그만큼 불필요하게 더 먹게 되는 거야. 우리를 과식으로 이끈다고 할 수 있어.

외식 자주 하면 살찔까?

현대인은 외식을 얼마나 자주 할까? 우리나라에서는 한 사람당 매달 평균 13번 넘게 외식을 하고 30만 원 이상을 지출한다고 해. 여기서 외식은 집에서 만든 집밥이 아닌 식당에서 만든 음식을 말해. 식당에서 만든 배달 음식이나 포장음식도 외식에 해당하지.

'오늘은 밖에서 사 먹지 말고 집에서 먹자!'라고 다짐하는 사람이 많아. 그런데 이런 결심은 번번이 실패로 돌아가기 십상이지. 직접 요리하기 귀찮으니까 간편식으로 때울 때도 많잖아. 전자레인지에 데우면 바로 먹을 수 있는 간편식도 외식에 가까워. 우리는 요리하지 않아도 먹고 살 수 있는 시대에 살고 있어.

특히 도시에 사는 사람들은 집밥보다 밖에서 끼니를 해결하는 일이 잦아. 문제는 외식을 자주 하면 과식할 위험이 커져. 집에서 먹는 1인분보다 식당의 1인분의 양이 더 많기 때문이야. 특히 뷔페라도 가게 되면 한 끼에 먹는 양은 매우 많아지기 마련이지. 남성은 외식할 때 칼로리가 높은 음식을 선택하는 경향이 커. 외식을 자주 하는 여성의 경우, 집밥을 자주 먹는 여성보다 비만일 가능성이 더 크다고 해.

탄산음료는 비만 촉진제

세계 최초의 탄산음료는 1885년에 출시된 닥터페퍼야. 1년 후에는 탄산음료의 대명사인 코카콜라가 등장했지. 탄산음료를 마시면 잠시나마 기분이 좋아져. 그 이유는 탄산음료에 함유된 카페인과 설탕에 있어.

탄산음료야말로 급격히 변화한 현대인의 식습관을 가장 잘 보여 주는 대표 중의 대표라고 할 수 있지. 가당 음료를 '비만 촉진제'라고 부르는 사람들도 있어. 가당 음료의 소비가 늘어나면 비만과 당뇨병이 유발될 수 있다는 연구 결과가 많기 때문이야. 그 이유는 당을 액체 형태로 먹으면 고체 형태로 먹을 때보다 포만감을 덜 느껴서야. 같은 칼로리를 섭취해도 배부른 느낌이 들지 않으니 자기도 모르게 더 많은 양을 먹게 되면서 과식할 위험이 커지는 거지. 따라서 식사 전에 탄산음료를 마시고 본 식사를 하면 칼로리를 더 섭취하게 되고 과식할 위험이 커져.

만만한 메뉴, 패스트푸드

과식을 부르는 현대의 음식 중 패스트푸드를 빼놓을 수 없지. 요즘은 세계 어디를 가도 패스트푸드 식당을 쉽게 찾아볼 수 있어. "오늘은 뭐 먹을까?" 하고 주변을 둘러보면 먹을 건 많지만 고민하다 보면 막상 피자나 햄버거 같은 패스트푸드를 고를 때가 참 많아. 패스트푸드는 모든 고민을 끝내 주는 선택지처럼 우리를 끌어당기지. 패스트푸드의 유혹에서 벗어나기 힘든 데는 몇 가지 이유가 있어.

첫 번째는 편의성이야. 패스트푸드는 주문하면 빨리 나오고 이른 아침이나 밤늦게도 먹을 수 있잖아. 데울 필요도 없고 수저나 포크가 없어도 어디서든 즉석에서 먹을 수 있지. 바쁘게 사는 현대인에게 아주 매력적인 메뉴야.

두 번째는 역시 맛이지. 많은 사람이 패스트푸드를 맛있다고 느껴. 패스트푸드는 주로 달고 짠 자극적인 맛을 내는데, 일반적으로 사람들이 좋아하는 맛이기 때문이야. 패스트푸드의 주성분은 지방, 설탕, 소금으로 이루어지거든. 이 세 가지를 적절히 조합하면 거부할 수 없는 맛이 탄생해. 이 성분들은 선조들이 귀하게 여기던 것이었어. 그래서 패스트푸드를 달고 기름지고 짠 음식을 좋아하는 인간의 진화적 특성과 맞아떨어지는 매력적인 제품이라고 말하기도 해.

세 번째는 비교적 저렴한 가격이야. 개발도상국에서는 여전히 생활 수준에 비하면 비싼 편이지만, 그 밖의 나라들에서 패스트푸드의 값은 한 끼를 가볍게 때우는 데 별 고민 없이 낼 만한 수준이지. 하지만 패스트푸드가 진짜로 저렴한 음식인지는 생각해 볼 여지가 있어. 패스트푸드에는 숨겨진 사회적 비용이 있다고 지적하는 사람들이 많거든. 패스트푸드가 널리 퍼지면서 증가한 비만 인구 때문에 드는 비용이 11조 원이 넘는다고 해. 그중 절반 이상은 비만으로 인한 질병 치료에 쓰이는 비용이지.

네 번째는 패스트푸드 산업의 치밀한 광고야. 패스트푸드 광고는 사람들에게 즐거운 감정을 느끼게 하잖아. 패스트푸드는 깊게 생각하고 먹는 음식이 아니란 점에서 패스트푸드 산업은 치밀한 광고와 판매 전략을 세운다고 해.

패스트푸드 산업이 가장 공들이는 대상은 바로 어린이야. 맥도날드 같은 패스트푸드점에는 놀이 공간을 따로 두는 경우가 많은데, 이는 어린이를 불러 모으기 위한 전략이지. 어린이 고객은 부모와 함께 오고, 부모는 지갑을 들고 오니까 말이야. 그래서 패스트푸드 광고에는 어린이가 좋아할 만한 귀엽고 친근한 캐릭터가 등장해. 또 다른 효과적인 유혹 방법으로는 장난감이 있어. 아이들이 장난감이 포함된 해피밀 세트를 사달라고 부모를 조르는 모습을 흔히 볼 수 있잖아. 이렇게 일단 어린이를 고객으로 만들면 평생 고객이 되는 거야. '요람에서 무덤까지' 가는 거지!

마라 맛에
빠진 사람들

지우's 다이어리

"학교 끝나고 마라탕 먹으러 갈래?"

맵부심 강하기로 소문난 하늘이는

마라가 들어간 음식은 다 좋아해.

그중에서 마라탕은 일주일에 한 번은 꼭 먹는 거 같아.

난 맵찔이를 탈출하고 싶어서 노력 중인데

여전히 맵기 1단계(약간 매운맛)도 힘들어.

오늘은 공부 때문에 스트레스 폭발이니까

나도 매운맛이 당기더라고.

하늘이는 맵기 3단계(아주 매운맛) 마라탕을

먹으면서 땀을 뻘뻘 흘렸어.

그런데도 기세등등하게 국물까지 다 먹더라고.
역시 스트레스 해소에는 마라탕이 최고야.

더 매운맛을 찾게 되는 이유

매운맛 하면 가장 먼저 떠오르는 건 역시 고추가 아닐까?
고추를 최초로 먹은 인류는 6,000년 전 아메리카 대륙에 살
았던 원주민들이야. 그들은 그때부터 옥수수, 감자와 더불
어 고추를 재배했다고 전해져. 어쩌다 매운맛이 나는 고추
를 음식의 재료로 사용하게 되었을까?

고추는 비타민A와 비타민C가 매우 풍부해. 고추의 매
운맛은 캡사이신 성분 때문인데, 캡사이신은 침 분비를 촉
진하고 위장 운동을 활발하게 하는 효과가 있어. 고추를 먹
으면 소화기관의 기능이 좋아지는 거지.

음식에 고추를 조미료로 넣으면 밋밋하던 맛이 강렬해
지는 효과도 있어. 심리학자 폴 로진은 "인간은 일상적인
음식에서 다양성을 추구한다"라고 했어. 고추는 다른 식재
료와 조화를 이루며 다양한 음식을 만드는 유용한 식재료
야. 그렇기 때문에 매운맛에도 불구하고 널리 사용되어 온

거지. 또한 로진은 우리가 매운 음식을 좋아하는 이유를 두 가지로 설명했어.

첫 번째는 '롤러코스터 효과' 때문이야. 어떤 경험이 처음에는 부정적이었어도 위험하지 않다는 사실을 알게 되면 긍정적으로 인식이 바뀔 수 있어. 예를 들어 고추 같은 매운 음식을 먹을 때 느끼는 통증은 일시적이고, 음식에 고추를 넣으면 더 맛있어진다는 걸 경험하면 좋아하게 되지. 하지만 사람들은 금방 싫증을 느끼기 때문에 더한 자극을 찾게 된다고 해. 입안이 얼얼해질 정도로 매운 음식에 도전하거나 무섭기로 유명한 롤러코스터를 타려고 하는 것처럼 말이야.

두 번째는 '러너스 하이'(runner's high)와 비슷한 현상을 느끼기 때문이야. 러너스 하이란 막 달리기 시작할 때는 힘들지만 30분 이상 달리다 보면 밀려오는 행복감을 말해. 매운 음식도 달리기와 비슷해. 매음 음식을 먹으면 러너스 하이 현상처럼 우리 몸에서 엔도르핀 호르몬이 분비되거든. 자세한 내용은 뒤에서 설명할게.

매운맛은 우리가 보편적으로 느끼는 맛이지만 미각에는 포함되지 않아. 다시 말해 단맛, 짠맛, 신맛, 쓴맛 그리고 감칠맛 같은 혀의 미뢰가 느끼는 기본적인 맛에는 포함되지 않지. 고추에서 나오는 캡사이신은 매운맛을 내는 성분이야. 캡사이신은 혀의 통각 수용체를 자극해서 통증을 느끼게 해. 그러니까 매운맛은 미각이 아닌 통각과 관련이 깊다고 할 수 있어.

매운 음식에 진심인 한국인

한국 음식을 대표하는 맛은 매운맛일 거야. 한국 음식을 처음 먹은 외국인들에게 가장 강한 인상을 남기는 맛도 매운맛이지. 우리 음식에는 매운 고추로 만든 고추장이나 고춧가루로 빨갛게 양념한 것들이 많잖아. 우리는 김치 같은 전통 음식부터 불닭볶음면 같은 극한의 매운 음식까지 즐겨 먹곤 해. 매운맛은 어쩌다 한국인들의 사랑을 받게 됐을까?

고추가 우리나라에 처음 들어온 건 임진왜란 무렵으로 알려져 있어. 일본에서 가져온 고추는 18세기 중엽부터 우리나라에서 널리 쓰였는데, 이는 18세기 조선의 사회 변화와 관련이 있다고 해. 당시 조선에서는 쌀 생산량이 늘어나면서 밥을 중심으로 식단이 변화했어. 짭짤한 반찬이 늘어났고, 자연스럽게 짠맛을 조절할 목적으로 고추와 고춧가루를 많이 사용하게 되었어. 밥과 짠 반찬 그리고 매운맛이 특징인 한국식 식단이 생겨난 거지. 아울러 1970년대 고추의 품종 개량으로 매운 고추 생산량이 늘어나면서 '한국 음식은 맵다'는 인식이 생겨났어.

1990년대 말 우리나라가 맞은 IMF 경제 위기는 사람들이 더욱 매운맛을 찾게 하는 계기가 되었어. 사회 분위기가 가라앉으면 사람들이 자극적인 음식을 찾는다는 이야기가 있거든. 실제로 우리나라는 먹고살기 힘든 시기가 오면 매운 음식이 날개 돋친 듯 팔리고, 음식의 매운맛도 강해진다고 해. 스트레스를 받을수록 매운맛이 끌린다는 얘기지. 코로나19가 오랜 기간 이어지면서 매운맛 식품의 수요가 크게 늘어나기도 했어.

한국에서 매운맛은 또 다른 의미도 있지. 아이들이 잘 먹지 못하는 맵고 뜨거운 음식을 두고 어른의 상징으로 여기거든. 특히 매운맛의 대표 격인 김치를 두고 김치의 진정한 맛은 어른이 되어서야 비로서 알 수 있다고들 하잖아.

폴 로진의 연구에 따르면 매운 음식을 잘 먹는 사람은 모험심이 강하고 과속 운전, 낙하산이나 다이빙, 차가운 얼음물에 뛰어들기 같은 자극적인 모험을 즐기는 경향이 크다고 해. 로진은 그의 연구를 "알면서도 위험한 일을 하는 건 매운데도 고추를 씹어 먹는 것과 같다"라고 요약했어.

얼얼함으로 스트레스 극복?

한 조사에서 10대에게 인기 있는 매운 음식을 알아봤어. 1위(41퍼센트)가 마라탕과 마라샹궈, 2위(29퍼센트)는 매운 떡볶이, 3위(10퍼센트)는 매운 라면이 뽑혔지. 기타로 불닭발, 불짬뽕, 불족발 등이 있었어.

마라탕은 중국 쓰촨 지역에서 유래한 마라 소스를 넣어 맛을 낸 국물에 고기, 버섯, 채소, 두부 등 다양한 재료를 넣고 끓인 음식이야. 마(麻)는 '저리다', '마비되다'라는 의미가 있어. 라(辣)는 '맵다'라는 뜻이고, 탕(燙)은 '뜨겁다'를 뜻하니 마라탕은 혀가 얼얼할 정도로 맵게 먹는 음식이지. 처음 마라탕이 우리나라에 알려진 건 2010년대 후반 중국 유학생들을 통해서라고 해.

이후 마라탕은 20~30대 젊은 세대를 중심으로 인기를 끌면서 마라탕 식당이 생겨나기 시작했지. 이제는 식품회사에서 마라 맛을 강조한 라면, 과자, 떡볶이 같은 가공식품이 나올 정도로 대중화되었어. 10대는 인터넷으로 정보를 나누고 소통하는 데 익숙하잖아. 마라탕이 청소년 사이에서 퍼진 것도 유명한 먹방 BJ의 마라탕 영상을 통해서였어. 청소년들이 영상 속 마라탕에 궁금증을 느끼면서 따라 먹었고, 그것을 인증샷으로 올리며 마라탕의 유행이 시작되었지.

마라탕뿐만 아니라 엽기떡볶이, 불닭볶음면 등 여러 매운 식품이 유행하면서 MZ세대 사이에서는 매운맛의 단계가 높은 음식에 도전하는 챌린지 문화가 생겨났어. 매운 음식을 잘 먹을수록 '인싸'가 되기도 하고, 매운 음식을 잘 먹지 못하면 '맵찔이'라고 놀림당하기도 하지.

지우나 하늘이처럼 스트레스를 받으면 마라탕을 먹는 청소년이 많아. 과중한 학업으로 심리적 압박을 받기 때문일 거야. 기분이 안 좋거나 몸이 피로한 날에 매음 음식이 당기는 이유는 뭘까? '이열치열', '고통은 고통으로 다스려라'라는 말도 있잖아. 매운맛은 경험하면 할수록 매운맛을 더 갈망하게 되는데, 이런 증상이 거의 중독 수준에 가까워지기도 해.

매운맛이 스트레스를 풀어 줄 거라는 믿음에는 그 나름 과학적 근거가 있어. 매운 음식을 먹으면 통증을 감지하는 수용체가 활성화되고, 뇌에서는 이를 위험 신호로 인식해 정신과 육체의 고통을 줄이고 쾌감을 느끼게 하는 **엔도르핀** 호르몬을 분비하거든. 달리기에는 중독성이 있다고 하지. 바로 앞에서 잠깐 이야기한 러너스 하이 현상이야. 한참을 달린 마라톤 선수들이 숨이 턱까지 차면서 그만두고 싶은 생각이 들 때쯤 느끼는 지극한 쾌감을 말해. 러너스 하이도 엔도르핀과 밀접한 관련이 있어.

그런 면에서 매운 음식은 천연 진통제라고 부를 만한 효과가 있지. 매운 음식은 통증을 주지만 실제로는 해롭지 않다는 걸 우리는 경험으로 알게 되었어. 혀가 얼얼한 고통을 참으면 그 대가로 뇌에서 나오는 엔도르핀을 얻을 수 있으니까. 엔도르핀 덕분에 기분이 좋아지니 매운 음식을 먹으면 스트레스가 줄어든 것 같은 느낌을 받는 거지. 결국 우리는 엔도르핀 분비를 늘리기 위해서 매운 음식을 먹는다고 할 수 있어.

매운 걸 계속 먹다간

매운데도 매운 음식을 먹고 기분이 좋아지는 건 일시적인 현상에 불과해. 부정적인 감정을 느낄 때마다 매운 음식으로 기분을 풀다 보면 위는 계속해서 자극을 받을 거야. 그러면 위벽이 점점 얇아지면서 위염과 위궤양이 생기기 쉽지. 피부 질환이 심한 사람이 매운 음식을 많이 먹으면 교감신경이 활성화돼서 혈관이 확장되고 증상은 더욱 나빠져. 또한 매운 음식을 오랜 기간 많이 먹으면 인지 능력과 기억력이 떨어질 위험이 크다는 연구 결과도 있어. 이렇듯 신체적으로 안 좋은 영향을 받을 수 있으니 주의하는 게 좋겠지?

인간은 잡식동물이야. 가리는 것 없이 다 잘 먹는 식성을 가진 인간은 매운 고추조차 즐겨 먹게 되었어. 하지만 인간은 아직 고추를 먹기에 적합한 신체로 진화하지 못했어. 달리 말하면 고추는 인간에게 딱 맞는 음식은 아니라는 말이지. 매운맛은 음식 맛을 풍부하게 만드는 훌륭한 조미료이지만, 지나치면 건강을 해칠 수도 있다는 걸 명심해야 해.

매운 음식을 먹을 때는 찬 우유 같은 유제품을 같이 먹으면 위가 받는 자극을 줄일 수 있어. 유제품에 든 지방이 캡사이신과 만나면서 매운맛을 줄여 주거든. 찬밥과 함께 먹는 것도 도움이 돼. 하지만 맵다고 물을 많이 마시는 건 좋지 않아. 물은 캡사이신을 퍼뜨리는 역할을 해서 속이 타는 느낌이 더 강해질 뿐이야.

2장

군침 도는

음식 중독의 세계

설탕 적극 추천하는 사회

지우's 다이어리

"하암, 나른해!" 하품을 몇 번이나 한지 모르겠어.

점심을 먹고 오후 수업이 시작되면 늘

졸음과의 싸움을 시작해. 졸음을 쫓으려고

쉬는 시간에 하늘이랑 매점에 가서

젤리랑 바나나 맛 우유를 샀어.

단 게 들어가니까 이제 좀 기운이 나는 거 같아.

내 말에 하늘이는 젤리를 오물거리면서

격하게 고개를 끄덕였어.

본능적으로 끌리는 맛

- - - - - - - - - - - - - - - - - -

단 음식을 좋아하는 사람이 참 많아. 단맛 위주로 먹는 사람들을 두고 '초딩 입맛'이라고 부르곤 하지. 나이가 어릴수록 달콤한 음식에 열광하기 때문에 나온 말이야. 실제로 어린 아이들은 단맛을 느끼는 민감도가 낮아서 더욱 강력한 단맛을 즐기곤 해. 달콤한 크림이 듬뿍 든 빵을 먹으면서 초콜릿 맛 우유를 마시는 모습도 흔하게 볼 수 있잖아.

갓 태어난 아기에게 단맛, 쓴맛, 신맛, 짠맛을 맛보게 하면 쓴맛, 신맛, 짠맛에는 얼굴을 찡그리면서 거부 반응을 보여. 반면 단맛을 맛보면 울음을 뚝 그치고 적극적으로 먹는 모습을 볼 수 있어. 태아도 마찬가지여서 엄마가 포도당이 든 단 음료를 마시면 태아가 양수를 먹는 횟수가 눈에 띄게 증가한다고 해.

단맛은 인간이 가장 안심하고 먹을 수 있는 맛이라고 했잖아. 그래서 우리는 단맛을 내는 **포도당**에 끌려. 포도당은 우리 몸의 세포가 가장 좋아하는 기본적인 에너지원이기도 해. 단 음식은 인류의 삶에 없어서는 안 되는 필수 요소였던 거지. 하지만 불과 몇백 년 전만 해도 설탕은 먹고 싶다고 해서 먹을 수 없었어. 구하기 매우 어려웠거든.

16~17세기 유럽에서는 설탕이 아주 귀해서 음식이 아닌 의약품으로 여겼다고 해. 설탕을 먹으면 병이 낫는다고 해서 만병통치약으로 통했지. 유명한 신학자 토마스 아퀴나스가 "설탕은 음식이 아니라 의약품이므로 금식 기간에 먹어도 계율을 깨뜨리는 것이 아니다"라는 어처구니없는 말을 할 정도였어.

설탕이 흔해지기까지

설탕은 어쩌다 지금처럼 흔해졌을까? 이탈리아의 탐험가 크리스토퍼 콜럼버스가 1492년 두 번째 항해를 떠날 때 아메리카 대륙으로 사탕수수를 가져갔어. 이후 영국을 비롯한 유럽의 강대국들은 설탕을 생산하기 위해 사탕수수 농장을 만들었지. 그런데 설탕을 생산하는 일은 매우 고되서 많은 노동력이 필요했거든. 노동력을 채우기 위해 그들은 아프리카 사람들을 아메리카 농장으로 데려와 노예로 부렸어. 노예들의 피와 땀으로 만든 설탕은 유럽으로 건너갔고, 사치품이던 설탕은 17세기 중반부터 흔한 식재료로 자리 잡기 시작했지.

설탕 소비량이 가장 늘었던 나라는 영국이야. 19세기 말 영국에서는 수입 설탕에 부과하던 관세를 없애면서 설탕 가격이 반값으로 떨어졌어. 20세기 초 영국인이 하루에 섭취하는 칼로리의 5분의 1은 설탕에서 얻은 것이었다고 해. 영국의 생리학자 존 유드킨이 "1963년의 영국은 200년 전 영국인이 1년 동안 섭취한 설탕을 단 2주 만에 먹어치웠다"라고 발표했을 정도야. 산업혁명 덕분에 설탕의 생산량도 엄청나게 늘어났어. 1820년대에 10년 동안 생산하던 양을 1920년에는 하루면 충분히 생산했지.

우리나라의 설탕 소비량 변화는 더욱 극적이었어. 개항 직후인 1885년 설탕의 국내 총 소비량은 64.2톤에 불과했지만 2009년에는 133만 톤으로 급증한 거야. 무려 2만 배 이상 늘어난 거지. 당시 인구로 추정한 1인당 설탕 소비량은 연간 3.6그램 정도였어. 무시해도 좋을 수준이었지. 그때만 해도 설탕은 일부 부유한 사람들만 먹었기 때문에 서민들은 설탕을 거의 소비하지 않았다고 여겨도 무방해.

그런데 2009년 우리나라의 1인당 연간 설탕 소비량은 무려 27킬로그램에 달했어. 1885년에 비해 7,500배 정도 증가한 셈이야. 설탕은 더는 희귀한 약재나 사치품이 아닌 생활필수품으로 바뀌었고, 일반 사람들도 설탕을 식재료로 쓰며 일상에서 부담 없이 소비하게 된 거야.

설탕은 정확히 무엇일까? 설탕은 탄수화물의 종류 중 하나인 단순당으로, '자당'이라고도 불러. **단순당**이란 포도당이나 과당 같은 단당류와 설탕 같은 이당류를 말해. 설탕은 포도당 분자 1개와 과당 분자 1개로 이루어져 있거든. 반면에 **복합당**은 3개 이상의 당이 모인 녹말이나 식이섬유 같은 다당류를 가리켜. 설탕은 열대지방에서 자라나는 사탕수수와 온대지방에서 자라나는 사탕무에서 얻은 천연 당즙에서 추출한 물질이야. 사탕수수와 사탕무를 정제하는 과정에서 비타민이나 미네랄 같은 영양소는 대부분 사라지고 에너지를 내는 칼로리만 남아. 그래서 설탕을 '빈 칼로리'(empty calorie) 음식이라고 부르기도 해.

단 걸 먹으면 기분이 좋거든요

설탕이 들어간 달콤한 음식을 먹으면 잠시나마 기분이 좋아져. 그 이유는 설탕이 뇌의 쾌락 중추를 자극하는 도파민을 순간적으로 많이 분비하게 하기 때문이야. **도파민**은 '행복 호르몬'이라고도 하는 신경전달물질이야. 도파민 수치가 높아지면 행복감이 느껴지거든. 그런데 단걸 먹을 때 쾌감을 느끼는 것을 반복하다 보면 학습이 되고, 계속해서 설탕이 든 음식을 찾게 되는 습관이 생겨. 이런 증상을 두고 **도파민 중독**이라고 부르지. 설탕뿐만 아니라, 술(알코올), 담배(니코틴), 마약(코카인, 헤로인 등)을 해도 도파민이 급격히 증가하면서 기분이 좋아져. 그리고 이런 것들에 자주 노출되다 보면 결국 중독에 이르지. 물론 마약은 설탕보다 더 강력한 중독을 일으켜.

생각해 보면 우리는 어릴 때부터 단맛과 친밀한 관계를 맺어 왔어. 착한 일을 하거나, 시험을 잘 보거나, 생일을 축하할 때면 단 음식을 먹었기 때문이지. 어린 시절 단 음식을 먹는다는 것은 기분 좋은 일, 다시 말해 '보상'을 의미했어. 사탕이나 초콜릿, 케이크처럼 달콤한 음식을 생각하면 행복한 기억이 떠오르는 건 이 때문일 수도 있겠지. 단 음식은 도파민 수치를 높여 기분을 좋게 할 뿐 아니라 행복한 기억을 떠올리게 하니 어떻게 달콤한 음식을 거부할 수 있겠어?

설탕이 우리를 유혹하는 법

지우's 다이어리

아빠는 단 음식을 정말 좋아해.

"단 거 없인 못 살아"라는 말을 입에 달고 살 정도야.

특히 좋아하는 건 시럽을 듬뿍 넣은

캐러멜 마키야토 커피인데, 하루에 두 잔 이상은 꼭 마셔.

물론 커피에 마카롱이나 페이스트리 같은 디저트도

빠지지 않지. 건강에 좋을 거라며 아침마다

오렌지 주스도 마셔. 그런데 어느 날 퇴근한 아빠가

슬픈 표정으로 "나 이제 단 거 먹으면 안 된대"라고

말하는 거야. 검강검진 결과가 나왔는데

당뇨 전단계라고 주의하라는 이야기를 들었대.

설탕 먹고 혈당 폭발!

갈증 날 때 마시는 시원한 콜라 한 캔. 생각만 해도 시원해지지 않아? 우리가 좋아하는 콜라에는 알고 보면 설탕이 꽤 많이 들었어. 코카콜라 350밀리리터 캔 하나에 든 설탕은 39그램이야. 하루에 섭취하는 총 칼로리 중 가공식품에 들어간 당분인 첨가 당이 차지하는 비율을 5퍼센트 이내(설탕 약 25그램에 해당)로 제한하라는 세계보건기구(WHO)의 권고량을 훌쩍 뛰어넘는 양이지.

콜라 같은 가당 음료는 설탕을 가루 형태로 먹을 때보다 더 손쉽게 섭취할 수 있어. 이렇게 탄수화물을 액체 형태로 먹으면 고체 형태로 먹는 것보다 포만감이 덜해. 그러니 가당 음료를 먹고 밥을 먹어도 식사에서 포만감을 느끼는 데 필요한 음식의 양은 줄어들지 않아. 피자를 먹을 때 콜라와 함께 먹었다고 피자를 덜 먹지는 않잖아. 한마디로 칼로리만 더하는 꼴이야.

설탕은 우리가 평소에 많이 먹는 정제 탄수화물의 주성분이야. 현대인은 정제 탄수화물과 함께 자라 왔다고도 할 수 있어. 흰 빵, 아이스크림, 케이크, 가당 음료, 초콜릿, 사탕, 젤리, 과자 등 엄청난 양의 설탕이 들어간 음식을 어려서부터 먹어 왔지. 그런데 설탕을 비롯한 정제 탄수화물은 왜 문제가 될까?

전문가 대부분은 '정제 탄수화물을 지나치게 섭취하면 건강에 나쁘다'라고 일관되게 지적하고 있어. 정제 탄수화물은 혈당 지수가 높아. 'GI지수'라고도 부르는 **혈당 지수**는 음식에 들어 있는 탄수화물이 얼마나 빨리 흡수되어 포도당으로 바뀌는지를 측정한 수치를 말해. 혈당 지수를 보면 음식마다 혈당을 얼마나 빨리 올리는지를 알 수 있어. 포도당의 기준을 100으로 삼는데, 70 이상이면 혈당 지수가 높은 음식(가공식품, 아이스크림, 비스킷 등), 50 이하면 혈당 지수가 낮은 음식(통곡물, 채소, 과일 등)으로 봐.

혈당 지수가 높은 음식은 '혈당 롤러코스터'를 일으켜. 롤러코스터는 갑자기 올라갔다가 갑자기 떨어지잖아. 혈당도 마찬가지야. 급격히 올라갔다가 급격하게 떨어지지. 또 혈당 롤러코스터는 '인슐린 롤러코스터'를 불러와. 췌장의 베타세포에서 만들어지는 **인슐린**은 혈당이 오를 때 분비되는 호르몬이야. 간과 근육, 지방세포가 혈액에 있는 포도당을 흡수하도록 신호를 보내 혈당을 낮추는 역할을 해.

혈당 수치가 갑자기 올라가면 인슐린 수치도 갑자기 올라가. 그 결과 혈당이 갑자기 떨어지면 기운이 없고 쉽게

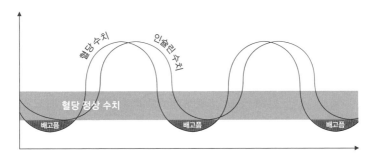

혈당 롤러코스터와 인슐린 롤러코스터

배고파지지. 그럼 또다시 혈당 지수가 높은 정제 탄수화물로 만든 음식을 찾게 될 수밖에 없어. 먹자마자 힘이 나기 때문이야.

못 말리는 식욕은 과당 탓?

설탕을 먹으면 우리 몸에서는 어떤 일이 벌어질까? 설탕은 몸속에 들어오면 포도당과 과당으로 분해되는데, 이 두 가지는 식욕을 조절하는 호르몬들에 매우 다른 영향을 미쳐. 바로 렙틴과 그렐린이라는 호르몬이지.

렙틴은 지방세포에서 만드는 호르몬이야. 몸무게가 늘면 지방세포가 커지면서 렙틴이 많이 나와. 렙틴은 뇌의 시상하부에 있는 포만중추에 신호를 보내 식욕을 억제하고, 우리 몸이 에너지를 더 많이 쓰게끔 작용해. 살이 쪘으니 이제 그만 먹고 몸을 많이 움직이라는 신호를 보내는 거지.

그렐린은 렙틴과 정반대 역할을 한다고 볼 수 있어. 위에서 만들어지는 그렐린은 배고픔 호르몬이거든. 혈당 수치가 정상 수준 아래로 떨어지고 위가 비어 허기가 지면 나오지. 그렐린의 분비가 증가하면 우리는 뭔가가 먹고 싶어져.

포도당을 먹으면 혈액 속 포도당 농도가 높아지면서 췌장에서 인슐린 분비가 증가해. 렙틴도 많이 분비되는 반면, 그렐린 분비는 감소하지. 정리하면 인슐린은 혈당을 낮추는 호르몬, 렙틴은 식욕을 억제하는 호르몬, 그렐린은 식욕을 늘리는 호르몬이야. 혈액 속 포도당 농도가 높아지면 혈당이 떨어지고 식욕도 떨어져. 다시 말해 포도당은 우리 몸의 식욕 조절 기능을 잘 작동하게 해.

과당은 어떨까? 포도당이 인슐린과 렙틴, 그렐린에 미치는 영향과는 아주 달라. 과당은 혈액 속 농도가 높아져도 인슐린이 분비되도록 자극하지 않아. 그렐린과 렙틴 분비도 과당을 먹기 전과 비교해 별다른 변화가 없어. 과당이 든 음식을 먹어도 식욕은 잘 억제되지 않는 거야. 그러니까 과당은 포도당과는 달리 식욕 조절 기능을 어지럽힌다고 할 수 있겠지.

그뿐만이 아니야. 포도당과 과당은 우리 몸에서 물질 대사가 되는 방식도 많이 달라. 우리 몸의 세포가 가장 좋아하는 에너지원인 포도당은 흡수된 후 모든 세포에서 사용하고 약 20~40퍼센트만이 간으로 이동해. 간에서 포도당은 대부분 글리코겐의 형태로 저장되고, 그래도 남으면 중성지방으로 바뀌어 저장돼. 포도당은 지나치게 많이 먹지만 않으면 큰 문제가 없지.

과당은 대사 과정도 포도당과 달라. 과당이 간에서 대사되는 과정은 오히려 술(에탄올)과 매우 비슷하다고 해. 흡수된 과당은 대부분 간으로 이동해서 대사되거든. 과당은 간에서 글리코겐으로 저장되지 않고 곧장 미토콘드리아로 가서 대사가 되는데, 미토콘드리아가 대사할 수 있는 능력을 넘어서면 중성지방이 되는 거야.

설탕을 이루는 포도당과 과당 중 뭐가 문제가 되는지 이제 알겠지? 그래, 바로 과당이야. 많은 연구는 과당이 건강에 나쁜 영향을 주고 살찌게 만드는 주범이라는 것을 밝혀냈어. 과당을 과하게 섭취하면 내장지방이 늘어나. 또한 인슐린 민감성이 떨어지는 **인슐린 저항성**이 생겨. 인슐린이 혈당을 조절하는 능력이 떨어진다는 말이지. 지방간과 나쁜 콜레스테롤, 중성지방이 많아지는 것과도 관련이 있어. 더 나아가 과당은 대사증후군, 다낭성난소증후군, 제2형 당뇨병, 암, 알츠하이머병 등 많은 질환을 유발하는 위험인자야.

제로 칼로리는 건강하다는 착각

이처럼 설탕은 다른 탄수화물과 구분되는 독특한 특징 때문에 우리 몸에 특별한 영향을 미쳐. 설탕은 '빈 칼로리' 음식으로 불린다고 했지. 빈 칼로리는 단백질이나 지방, 비타민 같은 영양소 없이 칼로리만 채우는 음식을 말하거든. 어떤 사람들은 설탕이 빈 칼로리 음식이라서 인체에는 별다른 영향을 미치지 않는다고 주장해. 하지만 이는 설탕이 호르몬이나 간에서의 대사 과정에 미치는 영향을 고려하지 않은 생각이야.

　설탕이 몸에 좋지 않다는 데에는 누구나 동의할 거야. 살면서 수도 없이 들어 온 이야기니까. 그래서 우리는 무설탕 식품을 선택하곤 하지. 그런데 무설탕은 건강에 괜찮을까? 사실 무설탕이라고 해서 안심할 건 아니야. 알고 보면 설탕을 넣지 않은 무설탕 음료에 액상과당이 들어간 경우가 많아.

액상과당은 옥수수에서 추출한 물질이야. 보통 과당 55퍼센트와 포도당 45퍼센트로 구성되어 설탕보다 더 강한 맛을 내지. 가격도 싸고 분말인 설탕보다 취급이 편리한 액체여서 1970년대에 등장한 이후 소비가 급격하게 늘었어. 덕분에 사람들이 과당을 섭취하는 양도 늘어났지. 설탕과 액상과당이 우리 몸에 미치는 영향은 큰 차이가 없다고 해.

설탕이나 액상과당이 초래하는 위험을 피하면서 단맛을 즐기려면 어떻게 해야 할까? 요즘에는 칼로리가 거의 없는 '제로(zero) 칼로리'라고 해서 인공감미료를 넣은 음료가 유행하지. 편의점 음료 코너만 가도 '0kcal'라고 적힌 음료들을 흔히 볼 수 있잖아. 아스파탐이나 수크랄로스 같은 인공감미료는 설탕보다 몇백 배 강한 단맛을 내는 동시에 칼로리는 매우 낮아. 단맛은 그대로 즐기면서 칼로리를 더하진 않으니 일거양득이지 않을까? 칼로리가 낮다는 것이 심리적 안정감을 주어서인지 다이어트를 하거나 건강을 생각하는 사람들이 즐겨 마시고 있어.

인공감미료는 정말 아무런 부작용 없이 달콤함만 줄까? 실망스럽게도 그런 기대는 접는 게 좋겠어. 세계보건기구의 발표에 따르면 인공감미료는 체중 조절에 장기적으로 아무 효과가 없다고 밝혀졌어. 기대와는 달리 제로 칼로리 음료를 마신다고 살이 빠지는 건 아니란 얘기지. 오히려 인공감미료는 다른 음식을 더 먹게 해서 결과적으로 더 많은 칼로리를 섭취하게 했어.

더욱 무서운 건 인공감미료를 오랫동안 섭취하면 설탕이나 액상과당처럼 비만, 제2형 당뇨병, 심혈관 질환 등이 발생할 위험이 높아진다고 해. 설탕 과소비 문제를 다른 형태의 단맛인 인공감미료로 풀고자 하는 건 전기를 아끼기 위해 선풍기를 끄고 에어컨을 켜는 것과 같아.

066

소금도 과하면 독

지우's 다이어리

처음 먹어 본 허니버터칩의 맛을 지금도 잊지 못해.

허니버터칩이 전국적으로 유행할 때는

원가의 몇 배를 줘도 못 살 정도였어.

그전까지 감자 칩은 짭짤한 게 당연했는데,

허니버터칩은 기존의 인식을 깬 단맛 나는 감자 칩이었거든.

허니버터칩은 단짠단짠 과자의 원조 격이라고 할 만해.

역시 단맛과 짠맛은 실패 없는 조합이야.

단짠단짠은 못 참지

단 음식과 짠 음식을 번갈아 먹는 것을 '단짠단짠'이라고 하지. 단짠단짠이라는 말은 유튜브 먹방에서 자주 언급하면서 2016년쯤부터 널리 퍼졌다고 해. 단맛은 사람들이 가장 선호하는 맛이고 짠맛은 생존에 꼭 필요한 맛이니, 이 두 맛을 동시에 또는 번갈아 가며 먹으면 쾌감이 극대화된다는 거야. 단맛과 짠맛을 좋아하는 것은 생존에 유리한 성향이었으니 진화적인 의미에서도 바람직하달까?

우리나라에는 단맛과 짠맛이 조화로운 음식이 참 많아. 청소년뿐만 아니라 어른도 최애 간식으로 꼽는 떡볶이는 외국인들도 좋아한다고 하지. 이밖에 치킨, 짜장면, 마늘빵, 팝콘, 불고기 등 끝도 없이 댈 수 있을 거야. 이처럼 설탕과 소금이 적절히 들어가면 음식의 맛은 더욱 살아나.

가공식품은 설탕과 지방을 잘 버무리고 소금을 넣으면 완성돼. 여기에 각종 식품첨가물을 더하면 사람들의 입맛을 끌어당기는 기호성 높은 맛이 탄생하지. 설탕과 지방, 그리고 소금이 많이 들어간 음식을 먹으면 먹을수록 그 음식을 더 찾게 되어 있거든.

지방이 설탕과 만나면 그 위력은 더욱 커져. 그런데 정작 우리는 음식에 지방이 들어 있는지도 잘 몰라. 예를 들면 달콤한 아이스크림을 먹으면서 지방을 떠올리는 사람은 별로 없겠지만, 아이스크림에는 상당히 많은 지방이 함유되어 있거든. 초콜릿 맛 콘 아이스크림 하나만 먹어도 하루 포화지방 섭취 기준의 반을 채울 정도야. 또한 설탕과 지방이 함께 든 음식을 먹으면 우리 몸에서 과식을 막아 주는 제동장치가 힘을 잃어.

가공식품의 마법은 소금이 더해졌을 때 본격적으로 시작된다고 해. 달고 기름진 음식을 더 맛있게 하는 것이 바로 소금이거든. 가공식품의 핵심은 소금이라고 하는 사람도 있어. 세계 최대 식품회사의 보고서에는 인간이 느끼는 미각 중 가장 포기하기 어려운 것이 짠맛이라고 나와 있어. 어떤 음식이든 소금이 들어가지 않고는 맛을 제대로 낼 수 없다는 거지.

이렇게 짜게 먹어도 괜찮을까?

우리가 거의 하루도 안 빼고 먹는 가공식품 대부분에는 많은 양의 소금이 들어 있어. 그러니 나트륨(소듐) 섭취량이 많을 수밖에 없지. 나트륨 함량이 높은 대표적인 가공식품이 바로 우리나라 사람들이 즐겨 먹는 라면이야. 라면 한 봉지에는 1,700~1,900밀리그램 안팎의 나트륨이 함유되어 있어. 세계보건기구에서 권고한 하루 나트륨 섭취량은 2,000밀리그램 이하인데, 라면 하나를 끓여 국물까지 다 먹으면 하루 권장량에 육박하는 나트륨을 채우게 돼.

한국인은 짠 음식을 좋아해서 2011년 성인의 나트륨 섭취량(4,791밀리그램)으로 당당하게 세계 1위를 차지했을 정도야. 이후에는 섭취량이 점차 감소해서 2020년에는 3,124밀리그램이었어. 세계고혈압연맹이 수여하는 '나트륨 섭취 줄이기 기관 우수상'을 우리나라 식품의약안전처와 질병관리본부가 받았을 만큼 많이 줄어든 거야. 하지만 아직 세계보건기구 권고량보다는 높은 수치지.

우리나라는 소금에 절인 김치와 찌개, 국 같은 국물 음식을 선호하는 문화 때문에 나트륨 섭취를 줄이기가 쉽지 않다고 해. 게다가 우리가 즐겨 먹는 양념치킨 한 마리에는 4,000밀리그램 이상의 나트륨이 들었다고 하니, 반 마리만 먹어도 하루 기준치를 가볍게 넘기는 셈이야.

지나친 나트륨 섭취는 고혈압의 주된 위험인자로 알려져 있고, 고혈압은 뇌졸중이나 심혈관 질환을 일으킬 확률을 높여. 그러니 우리가 좋아하는 가공식품의 중요한 구성 요소인 소금이 우리의 건강을 담보로 한다는 사실을 기억해야겠지.

뇌를 지배하는 초가공식품

지우's 다이어리

유튜브에서 '탕후루에 빠진 청소년들'이라는
제목의 뉴스 영상을 봤어. 요즘 유행하는 탕후루 같은
초가공식품 위주로 먹는 청소년은 비만 위험이
45퍼센트나 높다는 내용이었지.
어제도 탕후루를 2개나 먹었는데 괜히 마음이 찔려.
'지금처럼 먹어도 괜찮은 걸까?'라고 생각하면서도
바삭하고 달콤한 딸기 탕후루를 떠올리면 군침이 돌아.
그런데 가공식품과 초가공식품은 뭐가 다른 걸까?

달콤 짭짤 바삭, 그런데 영양가는 없는

날 음식 좋아해? 생선회 같은 음식을 제외하면 날것 그대로 먹는 경우는 거의 없지. 인류는 불을 발견한 이후로 음식을 익혀 먹었어. 음식 가공의 시작이었다고 할 수 있지. 따라서 **가공식품**이란 날것에서 화학적·물리적 과정을 거쳐 어떤 형태로든 달라진 음식을 말해. 발효, 훈제, 염장 등은 대표적인 가공 방법이야. 신선한 음식을 항상 먹을 수는 없던 서민들에게 음식 가공은 필연적이었어. 소금이나 간장에 음식을 절이면 오랫동안 보관하고 먹을 수 있기 때문이지.

요즘은 가공식품 앞에 '초'를 붙인 '초가공식품'이라는 말도 널리 쓰여. **초가공식품**이란 가공식품보다 한 단계 더 가공을 거친 음식이야. 대부분 설탕과 밀가루, 지방 그리고 소금 함량이 높아. 방부제, 인공향료, 인공색소 등 식품첨가물도 많이 들어 있어. 거기에 부드러움, 쫄깃함, 바삭함 등 다양한 식감을 더해 먹는 즐거움을 키우지. 주변에서 흔히 볼 수 있는 과자, 사탕, 설탕이 들어간 시리얼, 라면, 냉동식품, 간편식 등이 초가공식품에 속해. 우리는 칼로리 대부분을 초가공식품에서 얻고 있다고 해도 과언이 아니야.

초가공식품은 부피당 칼로리를 말하는 칼로리 밀도(에너지 밀도)가 높고 혈당 지수도 높아. 반면에 식이섬유나 미량영양소 같은 우리 몸에 꼭 필요한 성분의 함량은 낮아. **미량영양소**란 비타민이나 무기질처럼 몸에 필요한 양은 적지만 꼭 섭취해야만 하는 영양소를 가리켜. 맛이 좋아서 청소년을 비롯한 대중의 입맛을 사로잡았지만, 영양가는 거의 없는 음식인 정크푸드가 바로 대표적인 초가공식품이지.

초가공식품의 4가지 매력

몸에 좋을 게 없는 초가공식품을 매일같이 먹게 되는 이유는 무엇일까? 첫 번째 이유는 맛있기 때문이야. 맛있는 음식을 먹는 즐거움을 싫어하는 사람은 없겠지. 음식이 주는 쾌락적 보상을 가리키는 '기호성'이라는 용어가 있어. 초가공식품은 기호성이 매우 높은 음식이야. 초가공식품을 만드는 회사는 설탕, 지방, 소금의 적절한 비율을 찾기 위해 연구하고 가능한 한 많은 사람이 좋아하도록 치밀하게 설계해 음식을 만들고 있어.

좋아하는 아이스크림을 먹을 때를 떠올려 봐. 처음에

는 꽤 많은 양이라고 생각하지만 정신없이 먹다 보면 "어! 이걸 내가 언제 다 먹었지?"라고 놀란 적이 한두 번이 아닐 거야. 예상보다 많은 양을 언제 다 먹었는지도 모르게 먹었다는 건 의지로 멈출 수 없었다는 뜻이야. 충분히 먹었으니 그만 먹어야 한다는 의지는 소용이 없지. 결국, 아이스크림 통이 빌 때까지 먹게 돼. 아이스크림은 맛있는 데다 먹어도 먹어도 배부른 느낌은 별로 없잖아.

두 번째는 우리에게 다양한 선택지를 주기 때문이지. 매번 바닐라 아이스크림만 먹는다고 생각해 봐. 아무리 아이스크림을 좋아하는 사람이라도 사나흘간 같은 맛을 먹으면 처음보다 맛이 없어질 거야. 덜 맛있으면 덜 먹게 되어 있지. 동일한 자극에 지속적으로 노출되면 감각이 처음보다 둔해지고 싫증이 나는 현상이야. 이를 '감각 특이성 포만감'이라고 불러. 쉽게 말해 똑같은 음식을 계속해서 먹으면 질려서 먹기 싫어진다는 뜻이야. 다양성이 줄어들어서 그만큼 과식하기 힘들어지는 거지.

아이스크림 프랜차이즈 배스킨라빈스의 대표 메뉴 '엄마는 외계인'의 인기 비결은 뭘까? 밀크 초콜릿, 다크 초콜릿, 화이트 초콜릿 세 가지 아이스크림에 초코볼을 추가해 여러 가지 맛이 느껴지기 때문이야. 그 밖에도 배스킨라빈스에는 초콜릿 맛 아이스크림 메뉴가 많아. 초코나무 숲, 아몬드 봉봉, 초코초코 피스타치오, 쿠키 앤 그린티 맛 등을 골라 먹다 보면 질릴 틈이 없지. 국내 최초의 감자 칩으로 오랫동안 사랑받는 포테토칩도 마찬가지로 다양한 맛을 선사해. 짭짤한 오리지널 맛뿐만 아니라 사워크림 어니언 맛, 콘치즈 맛, 육개장 사발면 맛, 에그 토스트 맛, 곱창이 핫해 맛 등이 있지. 초가공식품은 이렇게 사람들에게 선택지를 여러 개 줘서 많이 먹게 해.

세 번째는 편리성이야. 사람들이 음식을 선택할 때 중요시하는 기준 중 하나가 시간이거든. 알람 소리로 아침을 시작하고 밤낮으로 밝은 도시에 살며 늘 시간에 쫓기는 현대인에게 빠르게 먹을 수 있는 초가공식품은 매력적인 메뉴지. 요리할 시간이 없거나, 바쁘지 않아도 요리하기 귀찮고 번거로워서 간편식 같은 초가공식품을을 찾곤 하잖아. 연구에 따르면 사람들은 음식을 직접 만들지 않을 때 더 많은 양을 먹는다고 해. 집에서 요리하는 시간이 줄어들면서 비만 인구 비율은 올라갔어.

네 번째는 싼 가격이야. 초가공식품은 신선식품과 비교해 가격이 매우 저렴해. 사람들은 장을 볼 때 식료품에 들어가는 돈을 아끼고 싶어 하잖아. 진화적으로 볼 때 인간은 되도록 일은 덜 하고 더 많은 에너지를 구하는 방향으로 행동해 왔어. 고칼로리 음식을 쉽게 구할 수 있다면 아주 효율적인 일이지. 가격이 저렴한 음식을 산다는 말은 그 음식을 사기 위해 일을 덜 해도 된다는 것을 의미해. 따라서 사람들은 본능적으로 값싼 음식을 좋아한다고 할 수 있지. 식품회사들이 생산 비용을 줄여 초가공식품의 가격을 낮추는 데 노력을 쏟는 건 이 때문이야.

호르몬 체계가 망가지는 과정

우리 몸의 기능을 조절하고 통제하는 역할을 하는 호르몬은 내분비계가 만드는 화학적 메신저라고 할 수 있어. 온몸을 돌아다니면서 다른 세포에 신호를 전달하는 우리 몸의 집배원인 셈이지. 현대의 식품 체계를 지배하는 초가공식품은 과식을 이끌도록 설계된 음식이라고 할 만해. 초가공식품을 먹으면 우리 몸의 호르몬 체계가 교란되기 때문이야. 특히 초가공식품은 식욕을 조절하는 호르몬인 인슐린(에너지 저장 호르몬), 렙틴(식욕 억제 호르몬), 그렐린(식욕 촉진 호르몬)에 많은 영향을 미쳐. 그 결과 우리 몸이 에너지를 균형 있게 사용하는 것을 방해하지.

당뇨병 하면 생각나는 인슐린은 혈당을 유지하는 데 도움을 주는 호르몬이라고 했지. 인슐린은 식사 후 소화를 거쳐 흡수된 포도당을 세포로 들어가게 해서 에너지원으로 사용되게 하고, 남는 포도당은 간에서 글리코겐의 형태로 저장해. 에너지로 쓰고 글리코겐 저장고를 채운 후에도 남은 포도당은 지방으로 바뀌어 간에 쌓이게 되지.

초가공식품은 대부분 탄수화물 함량이 높아. 다시 말해 혈당 지수가 높은 음식이야. 앞에서 살펴보았듯이 이런 음식은 혈당 롤러코스터와 인슐린 롤러코스터를 불러와. 그럼 혈액 속 인슐린 수치는 혈당 지수가 낮은 음식을 먹을 때보다 계속 높은 상태로 있게 되는 거야.

렙틴 호르몬은 뇌의 시상하부에 있는 포만 중추에 신호를 보내 식욕을 억제하는 역할을 해. **포만 중추**는 포만감을 감지해 식욕을 떨어뜨리는 곳이야. 포만감이란 음식을 먹은 후 만족스럽게 배부른 느낌을 말해. 배가 충분히 불러 음식을 먹고 싶은 욕구가 사라진 상태지.

그런데 몸무게가 늘어 지방세포가 커지면 렙틴 분비가 증가해. 렙틴은 우리 몸에 지방이 얼마나 많은지를 뇌에 알리는 일을 하거든. 지방량이 늘고 몸에 에너지가 충분하니 뇌에 먹는 양을 줄이라는 신호를 보내는 거야. 렙틴은 우리 몸의 에너지 소비도 늘려. 만약에 렙틴이 없거나 제대로 작용하지 않는다면 어떻게 될까? 식사량은 엄청나게 늘어나고 활동량은 줄어들어 살이 많이 찌겠지.

살이 쪄서 지방량이 늘어나면 말했듯이 렙틴 분비도 늘어나. 그런데 여기서 궁금한 점이 생겨. 비만한 사람은 렙틴이 많이 증가했는데도 왜 식욕은 줄지 않았을까? 그건 음식 덜 먹고 더 많이 움직이라는 렙틴 신호가 뇌에 잘 전달되지 않았기 때문이야. 렙틴의 양은 충분한데 뇌가 그 신호를 잘 받아들이지 못하는 현상을 **렙틴 저항성**이라고 불러. 렙틴 저항성이 생기면 음식을 먹어도 포만감을 잘 느끼지 못하게 돼. 그럼 몸에서는 에너지가 계속 부족하다고 느끼게 되니 먹는 것을 멈추기가 어렵지. 온도 조절기가 고장 난 보일러와 비슷해. 원하는 온도에 도달했는데도 보일러가 돌아가니 집 안 온도는 계속 올라가는 거야.

렙틴 저항성은 인슐린 수치와 밀접한 관련이 있어. 인슐린 수치가 지나치게 높아지면 렙틴 저항성이 생길 가능성이 커지기 때문이야. 따라서 초가공식품을 과하게 먹다간 렙틴 저항성이 생길 수 있어. 초가공식품은 칼로리가 높고 탄수화물 함량이 높아서 인슐리 분비를 쉽게 늘리거든.

인슐린 수치가 높으면 렙틴이 시상하부에 보내는 포만감 신호가 억제되기 때문이야.

렙틴과 반대로 식욕을 늘리는 배고픔 호르몬인 그렐린은 어떨까? 그렐린 분비는 식전에 최고로 증가해. 음식을 먹으면 그렐린 분비는 차츰 감소하고 뇌로 신호를 보내 배가 더 고프지 않다고 알리지. 그런데 연구에 따르면 초가공식품을 계속 먹으면 식사 후에 분비량이 줄어야 할 그렐린이 잘 억제되지 않는다고 해. 그럼 충분히 먹었음에도 여전히 배가 고프다고 느껴 과식할 위험이 커져.

뇌를 조종하는 음식

'인생의 가장 큰 즐거움은 식탁에서 찾을 수 있다'라는 말이 있듯이 맛있는 음식을 먹는 건 참 즐거운 일이야. 먹는 행위는 우리에게 보상을 주기 때문이지. 여기서 '보상'은 무엇을 의미할까? 부모님 심부름으로 받는 칭찬이나 용돈, 열심히 공부해서 얻은 좋은 성적 같은 것이야. 어떤 행동을 했을 때 즐거움을 느꼈다면, 그 즐거움은 다시 그 행동을 하도록 만들어.

뇌에서 보상을 관장하는 곳을 **쾌락 중추**라고 불러. 이곳에서 중요한 역할을 하는 신경전달물질이 도파민이야. 음식을 먹는 것과 같은 자극으로 쾌락 중추의 도파민 수치가 높아지면 우리는 행복한 기분을 느껴. 그래서 우리는 어떤 행위를 함으로써 얻는 행복감 같은 보상을 지속하고 그보다 큰 즐거움을 얻기 위해 다시 같은 행위를 반복하게 되는 거야.

그런데 초가공식품은 원재료에서 가공을 거의 하지 않

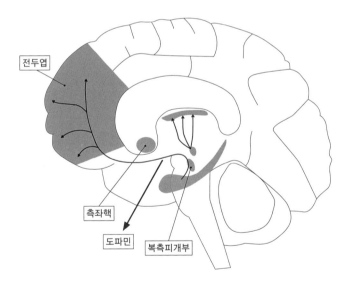

보상을 관장하는 쾌락 중추

은 식품보다 도파민 분비를 많이 늘려. 따라서 음식을 먹어서 얻는 쾌락적 보상이 특히 높다고 해. 설탕, 지방, 소금을 적절히 섞어 만든 음식이 쾌락 중추를 자극하고, 즐거움을 맛본 사람들은 그 경험을 잊지 못해 다시 그 음식을 찾게 되지. 이렇게 강한 자극을 주는 음식은 과식하기가 쉬워. 생각해 보면 과자나 아이스크림 같은 음식은 하염없이 들어가지만, 당근이나 브로콜리를 과식하는 일은 거의 없잖아.

먹기만 해도 증량 성공!

초가공식품이 다이어트에 좋지 않다는 이야기는 많이 들어봤을 거야. 정말로 초가공식품은 먹는 것만으로 우리 몸에 안 좋은 영향을 미칠까? 2019년 미국의 연구진이 이에 관한 실험을 했어. 성인 20명을 두 그룹으로 나누어 2주 동안 한 그룹은 초가공식품을 원하는 대로 먹게 했고, 다른 그룹은 가공을 거치지 않은 과일과 채소 같은 자연식품을 마음껏 먹게 했어. 음식의 종류만 다를 뿐 단위 그램당 칼로리, 단백질, 탄수화물 등의 영양 성분은 영양사들이 철저히 계산해서 두 그룹에게 똑같이 제공하고 말이야.

결과는 어땠을까? 놀랍게도 초가공식품을 먹은 그룹은 자연식품을 먹은 그룹보다 하루에 무려 508킬로칼로리를 더 섭취했어. 특히 지방이나 탄수화물을 더 많이 먹었다고 해. 단백질 섭취량은 두 그룹이 비슷했고, 몸무게는 2킬로그램의 차이가 나타났어. 초가공식품을 먹은 그룹이 1킬로그램이 늘었고, 자연식품을 먹은 그룹은 1킬로그램이 빠졌지. 초가공식품을 먹고 살이 찐 사람들은 지방량이 더 많이 늘었다고 해. 초가공식품을 먹는 것만으로도 더 많이 먹게 되고 살이 찔 수 있다는 사실을 보여 주는 결과야.

초가공식품과 건강 사이에는 어떤 연관성이 있을까? 프랑스의 연구진이 성인 10만 5,000여 명을 5년 동안 추적 조사 했어. 지속적으로 살펴보니 초가공식품을 10퍼센트 더 먹을 때마다 심혈관 질환에 걸릴 위험이 약 12퍼센트 올라가는 것으로 나타났지. 그뿐만이 아니야. 초가공식품 위주로 식사하는 사람들은 조기 사망의 위험이 62퍼센트나 더 높게 나타났다고 해.

빵은 왜 많이 먹어도 부족할까?

앞에서 소개한 미국의 실험에서 초가공식품을 먹은 그룹이 더 많은 칼로리를 섭취한 이유는 뭘까? 바로 초가공식품의 포만감 지수가 낮기 때문이야. **포만감 지수**란 음식 100그램을 먹었을 때 느끼는 배부른 정도를 나타낸 수치를 말해. 음식을 먹은 후 배고픔이 얼마나 줄고, 배부름이 얼마나 느는지, 다음 몇 시간 동안 칼로리 섭취가 얼마나 감소했는지의 정도를 수치로 보여 주는 것이지. 포만감 지수를 보면 적게 먹어도 빨리 배부른 정도를 알 수 있어.

여기서 문제! 같은 칼로리의 삶은 감자와 크루아상을 따로 먹었다고 해보자. 어느 쪽이 더 배부를까? 정답은 삶은 감자야. 음식마다 포만감 지수가 다르기 때문에 칼로리가 같더라도 우리가 느끼는 포만감은 다른 거지. 만약 포만감 지수가 높은 음식을 먹는다면 적게 먹어도 배는 비교적 빨리 부르고, 시간이 지난 후에도 배가 덜 고파서 덜 먹게 돼. 반대로 포만감 지수가 낮은 음식을 먹고 배가 부르려면 꽤 많은 양을 먹어야 해. 금방 배고파져서 추가로 더 먹게 되니 과식할 위험도 커지지.

삶은 감자는 크루아상보다 포만감 지수가 무려 7배 더

높아. 가공을 덜한 식품은 대부분 포만감 지수가 높거든. 반면에 도넛이나 케이크 같은 가공을 많이 한 초가공식품은 포만감 지수가 낮아. 어떤 음식을 골라 먹느냐에 따라 우리가 섭취하는 총 칼로리는 달라질 수 있어. 포만감 지수가 높은 음식을 주로 먹으면 식사량은 저절로 줄어들고 몸무게가 늘어날 걱정은 자연스럽게 사라지지. 심지어 충분히 먹었는데도 살이 빠지기도 해.

비만인데 영양 결핍?

비만이면서 영양 결핍일 수 있을까? 흔히 살이 찌는 건 많이 먹어서라고 하잖아. 인류 역사에서 두 가지 특징을 동시에 보인 경우는 찾아보기 어려워. 예전에는 잘 먹는 사람이 살이 쪘거든. 잘 먹는다는 건 영양 공급이 충분하다는 말이었지.

그런데 현대 사회의 초가공식품 위주로 이루어진 서구식 식사는 칼로리는 높지만, 정작 우리 몸에 필요한 영양분은 부족하기 쉬워. 초가공식품에는 신선한 과일이나 채소, 우유 등에 풍부하게 들어 있는 영양분이 별로 없기 때문이야. 그래서 오래전에 사라졌다고 여기는 구루병이나 각기병 같은 영양 결핍성 질환이 비만인들에게서 나타나기도 해. 2019년 분당서울대학교 병원에서 비만대사 수술을 받은 환자들의 수술 전 영양 상태를 조사한 결과를 보면, 각기병을 유발하는 비타민D 결핍이 80퍼센트에 달했어. 먹을 것이 넘쳐나는 시대에 어쩌다 우리는 영양 부족을 겪게 되었을까?

두 번의 세계대전이 끝난 후 출산율이 급증하자 선진국들은 늘어나는 인구를 먹여 살리기 위한 대책이 필요했어. 무엇보다 식량을 많이 생산하는 일이 급했지. 가능한 한 많은 양의 음식을 만들어 소비자에게 싸게 파는 것이 가장 중요한 목표가 된 거야. 그런데 식량 생산을 늘리면서 따라온 부작용이 있었어. 농업 기술이 발전하면서 작물의 생산량은 획기적으로 늘어났지만, 음식의 질은 떨어지는 결과가 초래되었지. 이제 이전과 비슷하게 영양분을 섭취하려면 더 많이 먹어야 해. 예를 들어 1940년대에 사과 1개에서 얻었던 영양분을 지금은 사과 3개를 먹어야 얻을 수 있어. 한마디로 질보다 양이 된 거야.

이 전략 덕분에 우리는 값싼 음식을 대량으로 얻을 수 있었어. 식품 가격이 내려가니 한 사람이 먹을 수 있는 음식의 양과 칼로리가 늘어났지. 그런데 추가로 섭취하는 칼로리는 대부분 액상과당인 시럽 같은 첨가 당, 팜유 같은 첨가 지방, 그리고 정제된 곡물에서 나왔어. 이런 음식은 에너지는 많이 줘도 영양분은 부족해. 거기에 과일이나 채소는 거의 소비하지 않았지.

전문가들은 칼로리는 높고 영양소는 적은 질 낮은 식사를 주로 하고, 과일이나 채소를 부족하게 먹으면 비타민이나 미네랄 같은 미량영양소 결핍이 생겨날 수 있다고 경고해. 이에 관한 실험에 따르면 미량영양소가 약간만 모자라도 DNA 손상이 일어나 암이 발생할 가능성이 커진다고 해. 비만이 되기도 쉽다고 하지.

우리가 먹는 음식에 중요한 영양소가 부족하면 우리 몸은 어떤 반응을 보일까? 더 많이 먹어야 부족한 영양소를 보충할 수 있다고 여기겠지. 이러한 이유에서 우리는 과거와 같은 칼로리의 음식을 먹어도 포만감은 덜 느끼고 더 쉽게 과식할 위험에 처하게 되었어.

식품첨가물로
식욕 업!

지우's 다이어리

난 라면 귀신이야. 간편하고 맛있잖아.

세상에는 무궁무진한 맛의 라면이 있어서 질릴 틈이 없어.

그래서 급식 메뉴가 별로인 날이나 학원 가기 전에

후딱 한 끼를 라면으로 때워. 그런데 오늘 라면 물을

끓이다가 라면 봉지를 봤거든. 봉지 뒷면의 성분표에

알쏭달쏭 알 수 없는 이름들이 가득한 거야.

라면 하나에 뭐가 이렇게 많이 들어가나 싶더라.

깨알같이 작은 글자를 읽다 보니 금방 관심이 떨어졌어.

"안다고 안 먹을 것도 아닌데, 에이 그냥 먹자."

라면에 뭐가 들었을까?

우리나라 사람들이 사랑해 마지않는 라면은 대표적인 초가 공식품이야. 세계라면협회에서 발표한 통계를 보면 우리나라의 연간 1인당 라면 소비량은 2013년부터 8년 연속으로 세계 1위였어. 하지만 2021년에는 베트남이 87개로 1위, 우리나라는 73개로 2위로 밀렸지. 아무튼 라면은 많은 사람이 즐겨 먹는 음식인 건 분명해.

그런데 라면이 어떻게 만들어지는지 제대로 아는 사람은 별로 없을 거야. 라면은 한 봉지에 칼로리가 450킬로칼로리 정도로 꽤 높지만, 영양가는 거의 없고 나트륨은 많아. 게다가 수많은 식품첨가물이 면과 스프에 들어가지. 이런 사실에도 라면 속 성분에 관심을 두는 사람이 많지 않은 게 현실이야.

면에 들어가는 식품첨가물은 면의 식감을 살리기 위한 산도조절제(면류첨가알칼리제, 혼합제제, 구연산), 영양소 보충을 위한 영양강화제(비타민B_2), 면의 점성을 더하기 위한 증점제(구아검) 등이 있어. 라면 맛은 스프 맛이라고 할 정도로 스프가 라면 맛을 좌우하지. 스프에도 역시 화학조미료, 향료, 색소, 유화제, 안정제, 산화방지제 등 많은 첨가물이 들어가.

과거에는 라면 수프에 화학조미료인 MSG가 들어갔지. MSG는 글루탐산 나트륨의 약자로, 라면의 감칠맛을 내는 성분이었어. 그런데 인체에 유해하다는 인식이 퍼지면서 라면에서 MSG 성분을 빼게 되었지. MSG는 값이 싸고 구하기가 쉬워서 라면뿐만 아니라 다양한 음식에 사용되고 있어. 조미료로 쓰는 다시다, 맛소금 등이 MSG의 대표적인 예야. 음식 맛이 어딘가 부족할 때 MSG를 넣으면 훨씬 풍부한 맛이 나니 인기가 많을 수밖에. 하지만 MSG의 독성에 관해서는 여전히 논란이 많아. 다량 섭취하면 두통, 무력감, 간경변, 지방간, 생리 이상 등이 생긴다고 알려져 있거든.

사과 향, 팝콘 맛, 풀 냄새도 가능

음식에 들어간 식품첨가물은 어떤 역할을 할까? 먼저, 식품의 저장 기간을 늘려 줘. 식중독균을 비롯한 질병을 일으키는 미생물의 증식을 막아서 오랫동안 안전하게 보존해 주지. 식품의 맛과 향, 색, 촉감 그리고 식감까지 좋게 해서 먹는 즐거움 또한 극대화해. 현재 식품첨가물이 내지 못하는 맛과 향은 거의 없다고 봐도 돼. 사과 향, 팝콘 맛은 물론이고 방금 자른 듯한 풀 냄새까지 낼 수 있거든.

가공식품을 맛있어 보이게 하는 데는 색깔도 큰 몫을 해. 멋진 빛깔의 색을 입히면 맛뿐만 아니라 보는 즐거움까지 주며 마음을 사로잡아. 한 가지 예로, 연지벌레로 만드는 코치닐 추출 색소라는 착색료가 있어. 이 색소는 음료나 사탕, 잼, 햄, 어묵 등에 들어가고 음식에 분홍색을 내. 딸기 맛 우유에 들어가는 것도 코치닐 추출 색소야.

식품첨가물은 가공 공정을 원활하게 하기도 해. 식품 첨가물 덕분에 대량생산이 가능해서 식품의 원가를 낮추는 효과도 있지. 또한 다양한 식품을 저렴한 가격에 공급할 수 있어서 식품 생산 체계를 안정적으로 유지하는 데도 중요한 역할을 하고 있어. 바닐라 맛 아이스크림에 들어가는 바닐린을 예로 들어 볼게. 천연 바닐린은 킬로그램당 가격이 4,000달러(약 529만 원)에 달하지만, 바닐라 향의 원료인 인공 바닐린은 12달러(약 1만 5,900원)에 불과하거든.

그래서 먹어 말아?

많은 장점에도 불구하고 여전히 식품첨가물을 향한 걱정스러운 시선들이 존재해. 식품첨가물은 가공식품에 주로 들어가니 가공식품 시대를 사는 우리는 어쩔 수 없이 많은 식품첨가물에 노출될 수밖에 없잖아. 그래서 식품첨가물은 안정성을 확인받아야 하고, 엄격한 기준에 따라 최소한의 양만 사용하게 되어 있어.

하지만 그 안정성이란 모든 사람에게 적용되는 기준은 아니야. 특히 어린이나 만성질환 환자, 노인 등은 식품첨가물에 더 민감한 반응을 보일 수 있어. 또한 가공식품을 오랫동안 과도하게 먹다 보면 몸속에 식품첨가물이 쌓이면서 건강에 여러 문제가 생길 수 있지.

예를 들어 사탕, 치즈, 핫도그, 아이스크림, 과자, 빙과류 등에 들어가는 인공착색료인 타트라진은 과잉 섭취하거나 민감한 사람에게서 구역, 설사, 발한 같은 증상이 나타날 수 있어. 항산화제로 지방의 산화를 막기 위해 넣는 BHT와 BHA는 만성 두드러기를 일으키기도 한다고 해. 또한 식품의 신선도 유지를 위해 샐러드, 새우, 버섯, 감자튀김, 말린 과일 등에 사용하는 아황산염은 알레르기 반응을 일으키는 경우도 있지.

2004년 영국 사우샘프턴 대학교에서 3~4살 어린이 277명을 모아 연구를 했어. 한 그룹은 과일 주스를 먹였고, 다른 그룹은 같은 맛의 인공색소와 향을 첨가한 음료를 먹인 후 어떤 행동의 변화가 있는지 관찰했어. 그랬더니 식품첨가물이 들어간 음료를 먹은 어린이들이 과민한 행동을 더 많이 보였다고 해.

영국 리버풀 대학교의 독극물 전문가인 비비언 하워드는 극미량의 식품첨가물이 당장 어떤 변화를 가져오지는 않기 때문에 안전하다고 가정할 뿐이라고 주장했어. 또한 수많은 식품첨가물 중에서 제대로 된 과정을 거쳐 안전성이 확립된 것은 거의 없다고 덧붙이기도 했지.

우리는 알게 모르게 식품첨가물을 지나치게 섭취하기 쉬운 환경에 살고 있어. 따라서 되도록 식품첨가물 섭취를 줄이려는 노력이 필요해. 그러려면 가공식품을 덜 먹고 자연식품 위주로 먹는 것이 최고의 방법이야. 바나나 맛 우유보다는 흰 우유를, 콜라보다는 물을, 어묵보다는 생선을, 햄이나 소시지보다는 고기를 먹는 게 좋지.

환자분, 음식 중독이세요

지우's 다이어리

"뭐 먹을래?" 주말 점심이 다 되어서 아리를 만났어.

한참 배가 고파서 스마트폰으로 뭘 먹으면 좋을지

맛집을 검색했지. 다양한 메뉴의 식당이 주변에 널렸는데

우리는 선뜻 뭘 먹을지 고르질 못했어.

"그냥 햄버거 먹을래?" 이런저런 의견이 나왔는데

결국 맥도날드에 가기로 했어.

"패스트푸드가 몸에 안 좋은 건 아는데,

매번 햄버거나 피자를 고르게 되더라."

나는 아리 말에 100퍼센트 공감했지.

음식도 마약처럼 중독돼

'중독'이라는 단어에서 떠오르는 것은 마약 중독, 알코올 중독, 니코틴 중독 등일 거야. 음식에 중독이라는 용어를 사용한 건 그리 오래되지 않았어. 생존하려면 꼭 먹어야 하니 마약, 담배, 술과는 달리 음식 없이는 살 수 없지. 우리를 살게 하는 것에 중독될 수 있다는 사실이 아이러니하게 느껴지기도 해. 음식은 도대체 어떻게 우리를 중독에 이르게 할까?

음식 중독과 관련 있는 호르몬은 도파민과 세로토닌이야. 도파민은 앞에서 이야기했으니 여기서는 세로토닌에 관해 알아보자. **세로토닌**은 도파민처럼 '행복 호르몬'이라고 불려. 중요한 신경전달물질 중 하나인 세로토닌은 분비량이 줄어들면 기분이 나빠지고 강박적인 행동이 나타나. 특히 만성적인 스트레스 상황에서는 세로토닌 수치가 감소해.

세로토닌이 부족하면 단 음식에 끌려. 단 음식을 먹어 혈당이 빠르게 올라가면 세로토닌 분비가 늘고 기분이 좋아져. 하지만 효과는 금방 사라지니까 계속 단 음식을 찾을 수밖에 없어. 흔히 다이어트를 하면 예민해진다는 이야기를 하지. 실제로 다이어트에 한창인 사람은 세로토닌이 줄어 짜증을 잘 내고 감정적으로 민감해진다고 해. 또한 세로토닌 분비가 잘 안 되면 포만감을 느끼기 힘들어. 평소보다 많이 먹어야 비슷한 포만감을 느끼게 되는 거야.

도파민과 세로토닌 수치를 효과적으로 높이는 음식이 바로 햄버거나 피자 같은 가공식품이야. 달고, 짜고, 기름진 음식에 본능적으로 끌리는 인간의 진화적 특성을 교묘하게 이용해 만든 것이 가공식품이지.

데이비드 A. 케슬러라는 학자는 저서《과식의 종말》에서 과식을 유도하고 중독에 빠지도록 부추기는 것은 식품 산업이라고 지적했어. 식품회사들이 만든 설탕, 소금, 지방이 절묘하게 조합된 가공식품을 먹은 소비자는 뇌의 쾌락 중추가 자극되는 경험을 하지. 그 즐거운 경험을 잊지 못해서 또다시 가공식품을 찾게 되고, 결국 중독에 이를 수 있다는 거야. 실제로 가공식품을 먹는 사람의 뇌에서는 마약 같은 중독 물질을 투여했을 때와 비슷한 반응이 일어난다고 해.

미국 연구진이 2015년 음식의 중독성 정도를 검사해보니 자연식품과 비교해 지방과 설탕이 많은 가공식품이 훨씬 높았어. 1위는 피자였지. 공동 2위는 초콜릿과 감자칩이었고, 다음은 쿠키, 아이스크림, 감자튀김, 치즈버거,

탄산음료, 케이크, 치즈가 뒤를 이었어. 공통점이 보이지? 모두 고설탕, 고지방, 고칼로리 음식이잖아. 2014년 호주 뉴캐슬 대학교에서 진행한 연구에 따르면, 전 세계 인구의 20퍼센트가 음식 중독에 시달리고 있다고 하니 생각보다 많은 사람이 음식 때문에 고생하고 있는 것으로 보여.

나도 음식 중독?

어떤 물질이 중독성이 있다고 인정받으려면 다음 4가지 요인을 충족해야 해.

첫 번째는 갈망이야. 그 물질을 먹고 싶다는 강렬한 충동이 들어야 하지. 여기서 갈망이란 전에 먹어 보니 좋았다는 데서 비롯하는 일종의 학습 효과야.

두 번째, 중독성 물질은 내성이 생기기 쉬워. **내성**은 반복해서 투여하거나 오랜 시간 투여하면 약물의 효과가 줄어드는 현상을 가리켜. 처음과 같은 효과를 얻으려면 더 많은 양이 필요해지는 거야.

세 번째는 금단 증상이 있어야 해. 중독성 물질을 끊었을 때 정신과 신체에 나타나는 이상 증상을 **금단 증상**이라고 해. 불면증, 불안, 구토 등이 있어.

네 번째는 나쁘다는 걸 알면서도 다시 찾는 악순환이야. 그 물질을 사용하면 문제가 더 나빠질 걸 뻔히 알면서도 계속해서 손대게 되는 것이지.

음식 중독은 아직 정식 질병이 아니야. 진단하는 기준도 통일되지 않았어. 현재 가장 많이 참고하는 기준은 미국 예일 대학교에서 만든 〈예일 음식 중독 문진표〉야. 아래 11가지 항목 중 6가지 이상이 해당하면 심각한 음식 중독으로 여긴다고 해.

① 음식을 먹을 때면 계획보다 많은 양을 먹는다.

② 음식을 끊으려고 지속적으로 시도하지만 반복해서 실패한다.

③ 음식을 구하고, 먹고, 소화하는 데 많은 시간을 쓴다.

④ 음식 때문에 업무나 공부, 취미 생활 등 중요한 활동을 줄이거나 포기한다.

⑤ 음식이 부정적인 결과를 가져온다는 걸 알면서도 먹게 된다.

⑥ 내성이 나타난다.

⑦ 음식을 먹지 않으면 짜증, 불안, 우울, 두통 같은 금단 증상이 나타난다.

⑧ 음식 때문에 친구나 가족, 동료와의 문제가 생긴다.

⑨ 음식 때문에 학교나 직장, 가정에서 꼭 해야 할 일을 못한다.

⑩ 금단 증상이 나타나 신체적으로 해로운 상황에서 반복해서 먹는다.

⑪ 특정 음식에 갈망이나 강한 충동을 느낀다.

최근 초가공식품이 술, 마약과 비슷한 수준의 중독성을 일으킨다고 주장하는 연구자들이 많아졌어. 동물을 대상으로 연구해 보니 초가공식품은 뇌의 도파민 수치를 올리고, 폭식과 내성을 일으키는 경향을 보였거든. 먹는 것을 끊으면 금단 증상도 나타났지. 2주간 초가공식품을 제한했다가 다시 먹기 시작하면 이전보다 더 먹는 모습을 보였어. 갈망하는 성향도 생겨났지. 도파민 상승, 지속적인 폭식과 내성, 그리고 갈망에 금단 증상까지. 이 모든 것은 앞서 문진표의 기준에 들어맞아. 다시 말해 초가공식품은 음식 중독을 일으키는 주범이라고 할 수 있어.

스트레스와 수면 부족이 문제야

현대인은 스트레스가 참 많아. 그런데 우리가 경험하는 스트레스는 대부분 피하기 어려운 것들이야. 성적, 외모, 친구 관계처럼 크고 작은 정신적 스트레스는 급성이 아닌 만성 스트레스라고 할 수 있어. 스트레스를 받아도 신체 활동이 거의 없어서 에너지가 없는데도 달고 짜고 기름진 음식은 입맛을 당겨.

스트레스를 받으면 우리 몸에 어떤 변화가 있을까? 부신피질에서 만들어지는 **코르티솔**은 '스트레스 호르몬'이라고 불려. 코르티솔은 스트레스에 반응해 혈압을 올리고 혈당을 높이는 반응을 보여. 스트레스라는 위기 상황을 극복할 만한 에너지를 공급하는 거지. 중요한 시험을 앞두고 있다고 생각해 봐. 우리는 코르티솔 덕분에 정신을 번쩍 차리고 집중력을 높여 시험이라는 스트레스를 견뎌 내는 거야. 시험이 끝나면 코르티솔 수치는 정상으로 돌아오고 항상성이 회복되지.

그런데 만성 스트레스는 코르티솔과 인슐린 수치를 계속 오르게 해. 그럼 어떤 일이 벌어질까? 인슐린은 에너지를 저장해 우리 몸을 살찌게 하는 호르몬이고, 코르티솔은

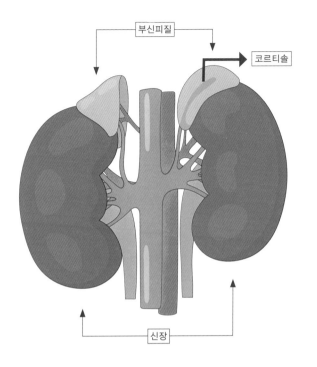

부신피질에서 만들어지는 코르티솔

그 살이 어디에 붙을지를 결정하는 호르몬이야. 특히 배에 있는 지방세포에는 코르티솔 수용체가 다른 부위보다 최대 4배가량 많아서 코르티솔이 많이 나오면 복부에 내장지방이 잘 쌓여. 현대인에게 복부비만이 흔해진 이유라고 할 수 있지.

상황을 더욱 악화시키는 것은 현저히 줄어든 수면 시간이야. 실제로 현대인의 수면 시간은 예전보다 많이 줄었어. 특히 우리나라 청소년의 평균 수면 시간은 경제협력개발기구(OECD) 국가 중 최저 수준이야. 청소년은 하루에 겨우 5.7시간을 자는 것에 불과했어. 여학생의 53퍼센트와 남학생의 36퍼센트는 수면 부족이라고 해. 잠이 부족하면 스트레스가 만성화할 수 있어. 스트레스로 증가한 코르티솔은 수면의 질을 매우 떨어뜨려. 악순환의 연속이라고 할 수 있겠지.

밤에 자는 시간은 하루 중 인슐린 수치가 가장 낮을 때야. 충분히 자면 인슐린 분비가 줄고 지방을 분해하는 작용이 활발해져. 또한 수면 중에는 배고픔 호르몬인 그렐린 분비가 줄고, 식욕 억제 호르몬인 렙틴 분비는 늘어나. 식욕 촉진 호르몬의 감소와 식욕 억제 호르몬의 증가는 다이어트를 위한 최적의 호르몬 환경이라고 할 수 있어. 잠을 잘 자면 살이 빠진다는 말의 과학적 근거인 셈이지.

하지만 수면 부족이 계속되면 렙틴 분비는 줄어들고 그렐린은 늘어나게 돼. 그로써 필요 없는 배고픔을 느낀 우리는 간식이나 야식을 찾게 되고 이는 다시 과식으로 이어져. 결과적으로 살이 찔 수밖에 없는 거야. 특히 배 주변에 건강하지 않은 지방인 내장지방이 더 쉽게 생겨. 잠을 잘 못 자서 계속 피곤하니 운동할 여력이 없고, 집중하기도 힘들어 공부도 잘 안 되겠지.

다시 말해 만성 스트레스와 수면 부족으로 코르티솔과 인슐린 그리고 그렐린 분비가 증가하고, 렙틴 분비가 감소하는 환경에서 우리는 음식 중독에 빠지기 쉽다는 거야.

다이어터 울리는

입맛 돋는 날들

참다가
입 터지는 비극

지우's 다이어리

오랜만에 우리 집에 놀러 온 사촌 언니의 표정이 안 좋았어.

알고 보니 다이어트 때문이라는 거야.

언니는 대학에 입학해서 꼭 48킬로그램까지 빼겠다며

비장하게 다이어트를 결심했대.

인터넷에 성공 후기가 쏟아지던 1일 1식 다이어트를

하기로 한 거야. 하루에 딱 한 끼, 정해진 칼로리만큼만

먹어야 했어. 가장 좋아하는 떡볶이도 물론 금지였지.

먹는 양이 반이 되자 일주일 만에 2킬로그램이 빠졌대.

그런데 기쁨도 잠시, 시험 스트레스와 생리 주기가

겹치면서 한밤중에 치킨과 생맥주를 시켜서

다 먹어 버렸다는 거야.

다음 날 아침 언니는 죄책감을 느꼈지만

굴하지 않았대. "그래! 다시 시작하자" 하면서

독한 마음으로 다이어트를 계속했어. 하지만 살 빠지는

속도는 점점 더뎌졌고, 음식을 향한 열망은 늘어 갔대.

결국 다시 폭식이 터졌지. 몸무게는 다이어트를 시작하기

전보다 오히려 더 늘고 말았다는 거야. 치킨이 간절하게

먹고 싶어지는 날도 더 잦아졌대.

다이어트 실패는 의지 탓?

다이어트에 실패하는 사람들이 참 많은 것 같아. 보통 다이어트를 시작하면 먹는 양을 무리하게 줄이려고 하잖아. 그러다 보면 꼭 입이 터지고 말지. 한창 다이어트를 잘하면서 몸무게도 꽤 줄었는데 어느 날 갑자기 맛있는 음식(대부분 평소에 좋아하지만 다이어트 중 줄이거나 끊은 음식)을 먹다가 입맛이 확 살아나 폭식해 버리는 거야. 적게 먹으면 왜 폭식하기 쉬울까?

먹는 양이 갑자기 줄면 우리 몸은 이를 비상 상황으로

여기고 대비책을 세우게 돼. 용돈이 떨어져 가면 일단 소비를 줄이고 부모님에게 용돈을 더 달라고 부탁하겠지. 우리 몸도 마찬가지야. 몸에 남은 에너지를 지키기 위해 비상근무 체제에 돌입해. 기초대사율을 낮춰서 있는 것이라도 아껴 쓰려고 하지. **기초대사율**이란 우리가 살아가는 데 필요한 기본적인 활동인 심장, 뇌, 신장 등이 활동하는 데 쓰이는 에너지 소비량을 가리켜.

또한 동시에 우리 몸은 음식을 빨리 달라는 강력한 배고픔 신호를 뇌로 보내. 절식 다이어트로 몸무게가 줄어든 사람이 느끼는 허기는 엄청나서 물을 마시지 않아 느끼는 갈증과 강도가 비슷하다고 해. 이런 허기를 의지로 이겨 내기란 결코 쉽지 않아.

굶어서 살을 빼는 건 흉년에 맞닥뜨리는 기근 상황과 같아. 우리 몸은 기근과 다이어트를 구별할 능력이 없어. 먹을 것이 없어서 굶는지 일부러 굶는지 몸은 모른다는 거야. 다시 말해 다이어트는 몸에 전쟁을 선포하는 것이나 마찬가지니, 몸이 최선을 다해 방어하는 건 지극히 당연해.

몸은 좋아하던 음식이 갑자기 들어오지 않으면 더 집착하고 갈망하게 돼. 하지 말라고 하는 건 더 하고 싶잖아. 자주 먹던 피자를 더 이상 먹지 않겠다고 다짐하면 온종일 피자 생각이 머리에서 떠나지 않을 거야. 그러다 한동안 끊었던 음식을 다시 먹으면 전보다 훨씬 맛있게 느껴진다고 해. 뇌의 쾌락 중추가 더 예민하게 반응하는 거지. 입 터지기 쉬운 환경이 조성된다고 할 수 있어. 더구나 요즘은 주변에 널린 게 맛 좋은 고칼로리 식품이고, TV나 SNS에는 먹음직스러운 음식 이미지와 광고가 넘쳐나지. 이런 환경에서 다이어트가 성공할 가능성은 매우 낮을 거야.

먹는 양을 줄이면 우리 몸은

미국의 생리학자 앤셀 키스는 1944년 미네소타 대학교에서 성인 남성 36명을 대상으로 굶주림이 인체 대사에 미치는 영향에 관한 연구를 했어. 처음 12주 동안은 일반식을 유지하며 육체노동을 하게 했지. 그 후 24주 동안은 하루에 1,500킬로칼로리가 넘지 않게 먹도록 제한하고 육체노동을 계속하게 하면서 몸무게, 기분, 기초대사율의 변화를 조사했어. 결과는 어땠을까?

몸무게는 예상대로 약 25퍼센트 줄었어. 그런데 기초대사량이 몸무게가 감소한 것으로는 설명하기 힘든 수준으로 많이 떨어진 거야. 실험 시작 전보다 50퍼센트나 떨어졌지. 식사량이 갑자기 줄어들자 몸은 에너지 소비량을 가능한 최저 수준으로 떨어뜨려 굶주림에 적응한 거였어. 심박수와 호흡수는 느려졌고 체온은 낮아졌지. 사람들의 기분은 엉망이 되었어. 우울증과 불안에 시달렸고, 집중력이 떨어지고, 늘 먹는 것에 지나치게 집착했거든. 사람들의 관심은 온통 음식뿐이었다고 해.

다시 이전 식단으로 돌아갔을 때 몸무게는 예상보다 매우 빠르게 늘어났어. 실험 시작 전보다 더 늘었지. 기초대사율이 떨어진 상태에서 먹는 양이 늘었기 때문에 몸무게는 더욱 빠르게 증가한 거야. 하지만 감소한 근육 무게는 회복되지 않았고, 늘어난 몸무게에서 대부분은 지방이었어. 사람들은 충분한 양을 먹게 되었지만 만족하지 못했다고 해. 음식에 대한 집착과 갈망은 계속되었지.

살찌는 몸으로 만드는 절식

칼로리를 제한하는 다이어트를 하면 식욕을 조절하는 호르몬은 어떻게 변할까? 미국의 연구진은 6개월 다이어트로 몸무게를 17퍼센트 줄인 사람들을 대상으로 실험을 했어. 배고픔 호르몬인 그렐린 농도를 측정했지. 그렐린 수치는 아침, 점심, 저녁 식사 전에 가장 높았고, 식사 후에는 감소하는 정상적인 흐름을 보였지. 하지만 그렐린의 전체적인 농도는 전보다 24퍼센트나 증가했어. 다이어트 후 가장 낮은 그렐린 농도는 다이어트 전 가장 높은 농도와 거의 비슷한 수준이었어. 종일 배가 고팠다는 얘기야. 심지어 식사 후에도 말이지.

또 다른 연구진은 10주간 다이어트를 한 사람들의 다이어트 직후와 1년 후 그렐린과 펩타이드 YY 수치를 비교했어. 소장에서 만들어지는 펩타이드 YY는 뇌에 포만감 신호를 전하는 호르몬으로 식욕을 억제하는 역할을 해. 다이어트 직후 측정한 그렐린은 앞선 연구와 마찬가지로 수치가 증가했고 펩타이드 YY의 작용은 크게 약해졌어. 다이어트 이후 전보다 더 배고프고 덜 배부름을 느낀다는 말이야. 더 나쁜 소식은 1년 후에 전해졌어. 다이어트가 끝난 지 1년이 지나자 사람들의 몸무게는 대부분 이전 수준으로 돌아갔어. 그런데 그렐린은 여전히 높았고 펩타이드 YY는 낮은 채로 머물렀지. 식욕은 왕성했지만 포만감은 덜 느꼈다는 뜻이야.

이렇게 다이어트는 우리 몸을 변하게 만들어. 먹는 양을 줄이면 일시적으로 살을 뺄 수는 있을 거야. 하지만 우리 몸은 이런 환경에 적응하게 돼. 기초대사율을 낮춰 에너지를 덜 소모하게 하고, 그렐린과 펩타이드 YY를 정상적으로 작용하지 않게 해 폭식하게 하는 몸으로 만들지. 굶는 다이어트는 잠깐 숨을 참는 것과 같다고 생각해도 좋아. 잠깐은 가능하지만 오래 지속하기란 불가능해. 아무리 의지가 강한 사람이라도 말이야. 그러니 이제 다이어트에 실패했다고 해서 "난 의지가 약한 사람이야"라는 말은 하지 않기로 하자.

지우's 다이어리

중학교 3학년이 되면서 성적 압박감이 심해진 것 같아.

올해 들어 부모님은 안 하던 잔소리를 하고,

친구들이 열심히 하는 모습을 보면 초조한 마음이 들어.

게다가 최근에는 친한 친구가 단톡방에서 내 욕을

하는 걸 알게 됐거든. 그야말로 스트레스 만땅이야.

별것도 아닌 일에 자꾸만 짜증이 나고 기분은

한없이 가라앉아. 머리도 자주 아프고

공부에도 집중이 잘 안 돼. 이럴 때 나를 위로하는 건

달콤한 과자뿐이야. 학교가 끝나고 간식거리를

잔뜩 사다가 방에서 혼자 정신없이 먹다 보면

> 온갖 근심, 걱정, 슬픔이 사라지는 것 같아.
>
> 사실 배가 고파서 먹는 것 같진 않지만 말이야.

배가 고프다는 착각

진짜 배고픔과 가짜 배고픔에 대해 들어 봤어? 배가 고프다는 건 우리 몸이라는 시스템에 연료가 부족하다는 걸 의미해. 자동차에 연료가 없으면 달리지 못하듯이 우리 몸도 음식이라는 연료를 보충해 주어야만 잘 돌아갈 수 있어. 어제저녁 6시쯤 밥을 먹고 다음 날 아침 7시까지 아무것도 먹지 않았을 때 배에서 꼬르륵 소리가 나면서 허기가 느껴진다면 진짜로 배고픈 거야. 이때 밥을 먹지 않으면 배고픔은 점점 심해지고 음식에 대한 갈망은 강해져. 그리고 음식을 먹고 갈망이 충족되면 만족감을 느끼고 그만 먹게 되지.

　하지만 음식이 아닌 다른 수단으로 만족시킬 수 있다면 진짜 배고픔이 아니라고 할 수 있어. 예를 들어 점심 급식을 배불리 먹은 후 쉬는 시간에 심심해서 감자 칩이 먹고 싶다든가 엄마에게 혼난 후 아이스크림으로 기분을 풀고 싶은 건 진짜 배고픔이 아니야. 이런 가짜 배고픔을 다른 말로 **감정적 허기**라고 부르는데, 실제로는 배고프지 않지만 배고프다고 착각하는 거지.

감정적 허기를 느낄 때는 진짜로 배가 고파서 음식을 먹는 게 아니라, 내 감정이 나를 먹게끔 하는 거야. 감정적으로 먹는 사람은 기분이 나쁘면 자기도 모르게 과자에 손이 가. 친구와 다투거나 엄마에게 잔소리를 들으면 아이스크림 통의 바닥이 보일 때까지 숟가락을 놓지 않아. 집에 들어갈 때 양손 가득 군것질거리를 사서 들어가야만 마음이 편해. 이런 사람은 자기도 모르게 과식할 위험이 매우 커. 당연히 섭취하는 칼로리는 늘어나고 체중계 숫자는 올라가겠지.

가짜 배고픔은 스트레스를 좋아해

서서히 배가 고파오는 진짜 배고픔과 달리 가짜 배고픔은 급작스럽게 찾아오는 것이 특징이야. 치킨, 짜장면, 초콜릿, 라면 등 특정 음식을 탐하는 경향이 있어. 꽤 많이 먹어도 쉽게 만족하지 못하고 가끔은 폭식하기도 하지. 음식을 허겁지겁 먹은 후에는 죄의식이나 부끄러움이 몰려와.

가짜 배고픔이 자주 나타나는 시간은 오전 11시, 오후 3시, 그리고 밤 9시 반쯤이라고 해. 만약 이때 갑자기 엄청난 허기가 몰려온다면 가짜 배고픔일 가능성이 크겠지. 이럴 땐 먹어야겠다는 생각을 잠시 멈추고 진짜로 내가 배가 고픈지 잘 알아봐야 해.

가짜 배고픔은 왜 생길까? 가장 흔한 원인은 스트레스야. 스트레스를 받으면 갑자기 허기가 지는 기분이 들잖아. 길을 걷다가 무서운 개를 만나서 정신없이 도망가는 상황을 떠올려 봐. 빨리 뛰어야 하니 근육에 에너지를 많이 공급하기 위해 심박수는 증가하고 혈압과 혈당은 높아져. 다행히 집에 무사히 들어왔다면? 에너지가 고갈된 상태이므로 보충이 필요하겠지. 스트레스를 갑자기 받으면 위에서 배고픔 호르몬인 그렐린이 분비되어 식욕이 증가해. 음식을 먹어 당질과 지방을 충전하면 우리 몸은 다시 평상시와 같은 상태로 돌아오지.

하지만 현대 사회에서 우리는 육체적인 스트레스는 별로 없고 정신적인 스트레스를 많이 받아. 공부하기 싫다고 매일 학원을 빼먹을 수 없고, 친구랑 싸웠다고 학교에 결석할 수 없잖아. 스트레스는 쌓이는데 신체 활동은 거의 없고 에너지는 부족하지 않지. 그런데도 우리는 스트레스를 받으면 고당분 고칼로리 음식을 찾아. 만성적으로 스트레스를 받았을 때 분비되는 호르몬인 코르티솔이 특히 이런 음식을 좋아하기 때문이야.

먹방 자주 보면
'확찐자' 될까?

지우's 다이어리

"난 코로나19 확진자 아니고 확찐자다."

코로나19 유행 이후 부쩍 몸무게가 늘은 아빠가 말했어.

아빠는 코로나 이전까지만 해도

주 5회 꾸준히 운동을 했는데,

거리 두기가 시행되면서 헬스장에 못 가자

운동에 게을러졌거든.

게다가 재택근무와 배달 음식이

일상이 되면서 허리둘레는 점점 늘어만 갔어.

뉴스에서도 코로나19 이후 비만율이 늘었다고 그래.

거리두기와 함께 먹방, 쿡방 등 식탐을 자극하는

영상 콘텐츠의 시청 시간이 늘어난 것도

비만 증가에 한몫했다고 하는데 정말일까?

먹방은 왜 보게 될까?

- - - - - - - - - - - - - - - - - - -

먹는 방송의 준말인 '먹방'은 2011년 인터넷 방송에서 시작되어 큰 관심을 끌었어. 시청자들 앞에서 라이브 스트리밍으로 음식을 먹는 먹방의 인기는 전 세계에 퍼졌지. 2021년에는 옥스퍼드 영어사전에 'mukbang'이라는 단어가 추가되었어. 인터넷 방송을 시청한 경험이 있는 성인이 가장 선호하는 콘텐츠가 먹방인 것으로 조사될 정도로 먹방의 인기가 높은 이유는 뭘까?

설문조사 결과, 가장 많은 답변은 '그냥 콘텐츠가 재밌어서'였어. 가벼운 마음으로 즐길 수 있는 공감 가는 콘텐츠란 얘기겠지.

두 번째는 '혼밥하기 외로워서'였어. 우리나라의 1인 가구는 최근 빠르게 증가해서 혼자 밥 먹는 혼밥족도 늘어나고 있어. 예전에는 같이 밥 먹을 사람이 없으면 차라리 굶을 정도로 우리나라 사람들은 혼자 밥 먹는 걸 싫어했지. 혼밥이 흔해지긴 했지만 여전히 혼자 밥 먹는 걸 꺼리는 사람들이 적지 않아. 그래서 혼밥 할 때 심심함과 외로움을 달래기 위해 먹방을 보며 같이 먹는 거야. 일종의 가상 친구라고 할 수 있겠지. 영국 BBC 방송 기자는 우리나라의 먹방을 '외로운 한국인들의 사이버 파티'라고 표현했어.

　세 번째는 '다이어트 중에 대리 만족하려고'였지. 살을 빼느라 원하는 만큼 먹지 못하는 사람들이 난 못 먹어도 남들이 맘껏 먹는 모습을 보며 위안을 얻는 거야.

　유명 먹방 유튜버는 암 치료 등으로 위 기능을 상실해 금식하는 환자들이 먹방을 보고 위로를 받는 긍정적 효과도 있다고 말해. 하지만 먹방을 경계하는 시선이 존재하는 것도 사실이야. 짜장면 10그릇을 13분 만에 해치우는 등의 지나치게 자극적인 콘텐츠를 보고 청소년들이 따라 할 것을 우려하기도 해. 먹방이 지나치게 식욕을 자극해 비만을 늘린다는 지적도 있지. 영상 속 음식은 그저 이미지에 불과하잖아. 그런데 정말 먹방을 보면서 먹으면 더 많이 먹고 살이 찔까?

먹방 보다가 비만이 될지도 몰라

코로나19로 확찐자가 되었다는 농담은 사실이었어. 대한 비만학회가 2021년 3월 '코로나19 시대 국민 체중 관리 현황 및 비만 인식 조사'라는 설문을 했어. 결과에 따르면 국민 10명 중 4명은 3킬로그램 이상 몸무게가 증가했어. 특히 30대 여성 2명 중 1명은 몸무게가 늘었다고 답했지. 우리나라 비만 인구 비율은 2009년부터 2019년까지 10년 동안 2.5퍼센트 증가했는데, 코로나19가 유행한 2020년 들어서는 전년보다 4.5퍼센트나 증가했다고 해.

코로나19로 먹방 시청 시간이 늘었다는데, 정말 먹방이 불필요한 허기와 과식을 불러와 사람들을 살찌게 한 걸까? 연구해 보니 먹방의 영향은 성인보다 어린이에게서 더 즉각적으로 나타난다고 해. 영국의 연구진이 유튜브나 소셜미디어 방송이 9~10살 어린이의 식습관에 미치는 영향을 알아보았어.

A그룹에는 유명 유튜버가 과자를 먹는 영상을, B그룹에는 건강한 음식을 먹는 영상을 보여 주었지. 그리고 C그룹에는 먹는 영상이 아닌 다른 영상을 보여 주었어. 영상 시청 후 A그룹은 C그룹보다 과자를 32퍼센트나 더 먹었어. 먹

는 영상을 본 A와 B그룹은 C그룹보다 칼로리를 26퍼센트 더 많게 섭취한 것으로 나타났어.

반면 성인은 먹방을 봤다고 해서 즉시 먹는 양이 늘거나 없던 식욕이 생기지는 않았어. 다만 먹방을 오래 보는 사람은 과체중이 될 가능성이 더 크다고 밝혀졌어. 우리나라 연구진이 발표한 먹방 시청 실태 조사 결과를 보면, 남녀 모두 주당 먹방 시청 시간이 7시간 미만보다 14시간 이상일 때 몸무게가 더 높게 나타났거든.

먹방을 많이 볼수록 탄수화물 식품과 육류를 즐겨 먹었지만, 조금 보는 사람들은 채소와 과일류를 좋아한다고 답했지. 또한 아침 식사를 거르는 비율과 배달 음식과 야식을 먹는 빈도는 먹방을 자주 보는 사람들에게서 높게 나났어. 운동 횟수 역시 주당 먹방 시청 시간이 높을수록 거의 안 하는 비율이 높았어.

결과적으로 이 연구는 먹방을 많이 보는 사람일수록 바람직하지 못한 건강 행태와 식습관을 보인다는 걸 드러낸 거야. 먹방을 많이 보는 사람들은 스마트폰을 보는 시간이 많을 수밖에 없으니 소파에 파묻히거나 침대에 누워 살찌기 쉬운 거지.

왜 보기만 해도 먹고 싶어질까?

'보이는 음식의 함정'이란 말이 있어. 별로 배고프지 않고 먹을 생각도 없었는데 눈앞에 음식이 있으면 배가 고파지고 먹고 싶어진다는 거야. 다들 이런 경험이 한두 번은 있지?

먹방을 보고 있으면 위에서 배고픔 호르몬인 그렐린 분비가 증가하고 췌장에서 인슐린 분비가 시작되면서 허기가 져. 먹음직스러워 보이는 음식을 보면 식욕이 더 솟아나지. 맛있는 음식 사진을 보는 것만으로도 뇌의 욕망과 관련된 부위의 신진대사가 증가한다는 보고도 있어.

먹방에 나오는 음식은 대부분 고칼로리야. 의도하지 않았겠지만 건강에 좋지 않은 음식을 널리 알리는 계기가 되고는 하지. 먹음직스럽고 칼로리 높은 음식 이미지를 보면 좀 더 충동적으로 그 음식을 선택하는 경향이 있다는 연구 결과도 있어. 화면 속 군침 도는 음식들을 보면서 먹느냐 마느냐 하는 유혹과 싸우다가 굴복하기 쉽다는 거지.

2018년 정부가 먹방 가이드라인을 마련하다가 논란이 일기도 했어. 개인의 자유를 침해하는 지나친 규제라는 반대 의견과 미디어에 민감한 청소년에게 악영향을 끼치는 선정적인 먹방을 규제해야 한다는 찬성 의견이 있었지. 열띤 논쟁이 있었지만 정부의 규제에 반대하는 사람들이 더 많았어. 먹방을 하는 것과 시청하는 것 모두 개인의 영역이기는 해. 하지만 먹방이 주는 부정적인 영향을 잘 새기고 시청하는 시간을 효율적으로 관리할 필요가 있지.

먹성은 타고날까?

지우's 다이어리

"나 고민 있어." 하늘이 표정이 심상치 않았어.

지우는 하늘이가 요즘 몸매 걱정을 하던 것이 떠올랐지.

하늘이는 먹는 양을 줄여 보려고 했지만,

워낙 먹는 걸 좋아해서 하루를 못 가 실패했거든.

그러고 보니 하늘이네 가족은 모두 먹성이 좋다고 해.

하늘이네 밥상을 보면 그릇 크기부터 음식 양까지

지우네 2배는 되어 보였거든.

하늘이 말로는 다들 식탐이 많아서 늘 음식 전쟁이래.

그래서일까? 하늘이네 가족들은 몸집도 큰 편이야.

먹는 것도 유전이야
- - - - - - - - - - - - - - -

주변을 둘러보면 가족들끼리 먹성이 비슷한 경우가 흔하지. 무엇이든 양껏 잘 먹는 가족이라면 구성원 모두 살이 찐 모습도 볼 수 있어. 연구에 따르면 몸집은 유전되는 경향이 크다고 해. 부모 모두 과체중이면 자녀가 과체중일 확률은 무려 80퍼센트에 이르고, 부모 중 한쪽이 과체중이면 자녀의 과체중 확률은 40퍼센트에 육박했어. 부모 모두 정상 체중이면 자녀는 7~9퍼센트만이 과체중일 확률을 보였지.

　다른 가정에 입양된 아이가 성인이 되었을 때의 몸무게는 같이 산 양부모보다 낳아 준 친부모의 몸무게와 비슷하다는 연구 결과도 있어. 일란성 쌍둥이는 어렸을 때 헤어져 서로 다른 환경에서 성장했더라도 체질량지수나 체중 증가 양상이 비슷한 경향을 보인다고 해. 이러한 현상들은 몸무게가 유전의 영향을 크게 받는다는 사실을 암시하지. 학자들은 비만의 70퍼센트 정도는 유전으로 결정된다고 이야기해.

　그렇다면 먹성을 결정하는 유전자도 있을까? 식탐은 유전자 하나로 정해지는 건 아니지만 그럴 가능성은 있다고 해. 시상하부에 존재하는 MC4R은 배고픔과 포만감을 느끼는 정도를 결정하는 유전자야. 만약 이 유전자에 변이가 생기면 식욕 조절에 문제가 생겨서 포만감을 느끼지 못하고 계속 먹을 수밖에 없어. 엄청난 비만이 되는 거지. 여기서 변이란 개인 간에 나타나는 DNA의 차이를 가리켜.

또 하나의 후보는 FTO 유전자야. 이 유전자에 변이가 생긴 사람은 그렇지 않은 사람보다 식욕이 증가하는데, 특히 고지방 음식을 좋아하는 모습을 보여. 또한 포만감은 덜 느껴서 먹는 양이 늘고 비만이 될 위험이 더 커진다고 알려졌어. FTO 유전자의 변이는 전체 인구의 60퍼센트 이상이 가지고 있을 정도로 매우 보편적으로 나타난다고 해. 늘 배가 고프고 남들보다 살 빼는 일이 유난히 어렵게 느껴진다면 유전자의 이상으로 나타나는 현상일 수도 있다는 말이야.

유전보다 환경이 중요해

살이 쉽게 찌는 유전자를 가지고 있어도 모두 비만이 되는 건 아니야. 생활 방식에 따라 비만 유전자가 발현되어 뚱뚱해질 수도 있고 그렇지 않을 수도 있어. 그 대표적인 예가

피마 인디언이야. 미국의 애리조나주와 뉴멕시코주 사이에서 고립되어 살던 피마 인디언은 조상들이 살던 대로 수렵·채집을 하고 농사를 지었어. 자연이 주는 건강한 식탁을 즐기면서 날렵한 몸과 건강을 자랑한 부족이었지.

19세기 중반 피마 인디언을 발견한 미국 정부는 그들을 애리조나주의 보호 구역으로 이주하게 했어. 전통 방식을 버리고 정부의 보조금에 의지하게 되자 생활 방식은 크게 변화했지. 활동량은 현저히 줄었고 정제된 밀가루, 설탕, 값싼 지방 등 가공식품을 주로 먹게 된 거야. 그 결과는 어땠을까?

피마 인디언은 세계에서 가장 높은 비만율과 당뇨병 발생률을 보이는 부족이 되고 말았어. 피마 인디언 남자의 65퍼센트, 여자의 70퍼센트가 당뇨병이 걸렸다고 해. 피마 인디언이 당뇨병에 취약했던 데는 이유가 있었어. 오랜 시간 사막에 살아오면서 에너지를 저장하는 능력이 발달되어 있었는데 고지방, 고칼로리 위주로 식단이 바뀌자 영양 과잉으로 살이 찌면서 당뇨병에 걸리게 된 것이었지.

하지만 멕시코에서 전통 방식을 지키며 사는 피마 인디언에게서는 이런 변화가 생기지 않았어. 다시 말해 똑같이 비만이 되기 쉬운 유전자를 가졌다고 하더라도 생활 방식에 따라 다른 양상이 나타났다는 거야. 유전보다는 환경의 변화가 비만을 일으키는 요인으로서 더 중요하다는 거지.

유전자에 비만을 유발하는 변이가 있다고 해서 무조건 비만이 되지 않는다니 정말 다행이지? 비만의 가능성이 높지만, 비만을 일으키는 환경에 놓이지 않는다면 비만이 되지 않으니까 말이야. 생활 방식을 바꾼다면 유전적으로 살이 찌기 쉬운 사람도 비만 유전자가 발현되는 것을 막아 날씬하게 살 수 있어. 알려진 바로는 유전자의 변이 여부와 관계없이 체중 감량 효과는 비슷하다고 해. 미국 연구진은 비만 유전자의 존재보다 매일 반복하는 생활 습관이 몸무게에 더 큰 영향을 미친다고 발표하기도 했어.

"내가 쉽게 살찌는 건 타고났기 때문이야"라든가 "살 빼고 싶어도 체질 탓에 어쩔 수 없어"라는 말은 더는 통하지 않아. 물려받은 유전자가 어떻든 간에 몸이 가볍고 건강하게 사는 방법은 균형 잡힌 식생활과 활발하게 움직이는 생활 습관이라는 걸 기억하면 좋겠어.

마른 대식가의 비밀

지우's 다이어리

은수는 학교에서 예쁘고 날씬하기로 유명해.

전학 온 날부터 다른 반 애들이 구경하러 왔을 정도야.

그런데 은수에게는 반전이 있어.

보기와는 다르게 먹는 양이 엄청나거든.

등교부터 하교까지 수업 시간 빼고는 늘 입에

먹을 걸 달고 살아. 급식으로는 배가 안 찬대.

그런데 은수는 아무리 먹어도 살이 안 찐다는 거야.

나는 그런 은수를 볼 때마다 생각하지.

"나도 맘껏 먹어도 살이 안 찌면 좋겠다."

맘껏 먹어도 날씬한 비결이 뭘까?

먹어도 안 찌는 사람들

아무리 먹어도 살이 잘 안 찐다는 사람들이 있지. 이런 사람들은 부러움의 대상이 되곤 하잖아. 하지만 앞에서 잠깐 이야기했던 절약 유전자를 떠올리면 먹은 만큼 에너지를 얻지 못하는 건 효율적이라고 볼 수 없겠지. 많이 먹어도 살이 안 찌는 이유를 이해하려면 우리 몸의 세 가지 에너지 소비 방식을 알아야 해.

첫 번째는 에너지 소비에서 가장 많은 부분을 차지하는 기초대사량이야. **기초대사량**은 아무것도 하지 않는 상태에서 생존을 위해 호흡, 체온 유지 등에 쓰이는 에너지양을 말해. 하루 동안 소비하는 에너지의 60~70퍼센트를 사용하지. 그리고 소화와 열 생산에 약 10퍼센트가 쓰이고, 나머지 30퍼센트 정도는 신체 활동을 하는 데 쓰여.

예를 들어 몸무게가 70킬로그램인 남자는 종일 움직이지 않아도 기초대사량으로 약 1,500킬로칼로리를 소모할 수 있어. 기초대사량은 보통 선천적으로 정해지지만, 사람에 따라 큰 차이를 보이기도 해. 어떤 사람은 섭취한 에너지의 많은 부분을 저절로 태워. 반대로 다른 사람보다 에너지를 훨씬 적게 연소하는 사람도 있지.

기초대사량은 운동으로 변하기도 해. 기초대사량에서 차지하는 근육의 비율은 20퍼센트 정도지만, 지방은 5퍼센트가 채 안 돼. 따라서 운동을 열심히 해서 근육을 키우면 기초대사량을 늘릴 수 있어.

미국의 수영 스타 마이클 펠프스는 현역 시절 하루에 1만 2,000킬로칼로리를 먹는 대식가로도 유명했지. 펠프스는 엄청난 근육량 덕분에 쉴 때 소비하는 에너지가 일반인보다 훨씬 많다고 알려졌어.

거식증을 연구하는 프랑스의 연구자 브뤼노 에스투르는 아무리 먹어도 살이 찌지 않는 쌍둥이 형제를 발견했어. 형제는 키가 180센티미터인데 몸무게는 50킬로그램 초반에 불과했지. 두 사람은 노력해도 근육이 붙거나 몸무게가 늘지 않았대. 세끼를 질리도록 배불리 먹고 간식도 여러 번 먹었는데 말이야. 이렇게 먹고 싶은 대로 마음껏 먹었지만 깡마른 체형은 변화가 없었다고 해.

에스투르의 예측대로 쌍둥이 형제의 기초대사량은 보통 사람들보다 훨씬 높았어. 하지만 놀라운 변화는 식욕을 조절하는 호르몬인 펩타이드 YY와 GLP-1에서 나타났어. 장에서 분비되는 펩타이드 YY와 GLP-1은 뇌가 포만감을 느끼도록 해서 식욕을 억제해. 두 호르몬은 배가 고플 때는 분비되지 않아. 식사를 시작하면 분비량이 늘어나고 식사를 마칠 즈음에는 최고조에 달해.

그런데 쌍둥이 형제는 두 호르몬이 분비되는 양상이 일반과 달랐어. 식탁에 앉자마자 호르몬 분비량이 치솟았고 음식이 식도로 들어가기도 전에 최고 수준에 이르렀지. 이렇게 높아진 식욕 억제 호르몬을 고려할 때, 아마도 형제가 먹는 양은 남들보다 그리 많지는 않았을 거야. 본인은 먹고 싶은 만큼 먹었다고 했지만 말이야.

급 찐 살은 급하게 빠져

먹는 양을 줄이면 뇌는 몸무게를 원상태로 되돌리려 노력한다고 했잖아. 뇌는 음식을 먹으라는 강력한 메시지를 보내 기초대사량을 낮춤으로써 에너지가 소비되는 속도를 늦추지. 그럼 반대로 우리 몸에는 과식해서 몸무게가 지나치게 증가하는 걸 막아 주는 시스템도 있을까?

이 물음에 대한 답은 미국의 과학자 이선 심스가 버몬트 교도소에서 한 실험에서 밝혀졌어. 심스는 교도소 수감자들을 대상으로 3개월 동안 과식하게 하는 실험을 했어.

단기간에 과식으로 몸무게가 25퍼센트 늘어나면 어떤 일이 생기는지 알아보고자 했지.

매일 미국식 요리를 푸짐하게 받은 수감자들은 하루 섭취량이 2,000칼로리에서 4,000칼로리로 늘어났어. 하지만 연구진의 기대와는 달리 수감자들의 몸무게는 25퍼센트까지 늘지 않고 어느 선에서 멈추고 말았지. 그래서 연구진은 섭취량을 8,000~1만 칼로리까지 늘렸지만, 놀랍게도 일부 수감자는 몸무게가 더 늘지 않았다고 해.

엄청나게 먹었는데도 몸무게가 생각만큼 늘지 않은 이유는 뭐였을까? 미스터리는 수감자들의 기초대사율을 측정한 후에 풀렸어. 실험이 끝났을 때 수감자들의 기초대사량은 엄청나게 증가해 있었어. 과식으로 들어오는 에너지가 많아지니 우리 몸은 평소에 소모하는 에너지양을 크게 늘렸어. 과도하게 지방이 쌓이는 걸 막기 위해 몸속의 시스템이 작동한 거야.

설이나 추석 명절에는 칼로리가 높은 음식을 주로 먹고 과식하기도 쉽지. 며칠 사이 몸무게가 몇 킬로그램씩 오르는 사람도 많잖아. 그런데 이렇게 찐 살이 별다른 노력 없이 빠진 경험이 있을 거야. 마찬가지로 급 찐 살은 급하게 빠질 수 있는 우리 몸속의 시스템이 작동한 것이라고 볼 수 있어.

의지를 이기는 체중 설정값

반복적인 다이어트로 요요 현상이 생기거나 많이 먹어도 살이 찌지 않는 이유는 무엇일까?

그 비밀은 '체중 설정값'으로 설명할 수 있어. 몸무게는 뇌가 적정하다고 인식하는 설정값에 따라 무의식적으로 조절돼. 쉽게 말해 사람마다 정해진 적정 몸무게가 다르다는 말이야. 예로 들었던 프랑스 쌍둥이 형제 같은 마른 대식가는 체중 설정값이 다른 사람보다 낮다고 볼 수 있어.

우리 몸의 체온이나 심박수 등에 변화가 나타났다고 해보자. 우리 몸은 이런 변화를 알아차리고, 그 변화를 최소화하기 위해 어떤 시스템을 작동하게 해. 이 시스템을 '음성되먹임'(negative feedback)이라고 하는데, 이것은 생명 현상의 항상성을 유지하는 데 중요한 역할을 해.

항상성이란 생명체가 최적화된 상태를 일정한 수준으로 유지하려는 성질을 말해. 예를 들어 식사 후 혈당이 올라가면 췌장의 베타세포에서 인슐린이 분비되어 혈당이 떨어지고, 반대로 혈당이 떨어지면 췌장의 알파세포에서 글루카곤이 분비되어 혈당이 높아지는 거야. 설정 온도에 맞춰 자동으로 난방을 켜고 끄는 보일러의 온도 조절기를 떠올려도 좋아.

몸무게도 음성 되먹임의 영향을 받아 조절되고 있어. 몸무게가 줄면 음성 되먹임이 작동해 뇌에서 강력한 허기를 알리는 신호를 보내고 기초대사량은 떨어지게 되지. 반대로 몸무게가 늘면 뇌에서 먹는 양을 줄이라는 메시지를 보내 몸에서 소모하는 에너지는 늘어나. 이 반응은 원래 체중 설정값에 이를 때까지 계속돼.

이러한 체중 설정값은 우리 몸이 원하는 건강에 이상적인 몸무게를 의미하지 않을 수 있어. 칼로리를 극단적으로 제한하는 절식 다이어트를 하면 우리 몸에서는 어떤 일이 벌어질까? 살을 빼겠다는 의지와 뇌가 정한 체중 설정값으로 되돌리려고 하는 음성 되먹임 작용 사이에서 치열한 싸움이 벌어져. 과연 누가 이길지 궁금하겠지.

시간이 얼마나 걸릴지는 몰라도 승자는 이미 정해져 있어. 의지만으로 우리 몸에서 일어나는 무의식적인 반응을 이길 수 있는 사람은 아무도 없을 거야. 덜 먹어 빠진 몸무게는 다시 원래대로 돌아오고, 다이어트를 기근 상황으로 착각한 뇌는 앞으로 있을지 모를 굶주림에 대비해 체중 설정값을 높이지. 게다가 기초대사량이 줄었으니 다이어트 전보다 덜 먹어도 살이 더 찔 수 있어. 요요는 이렇게 시작되는 거지.

먹부림 시대에

'잘' 먹는 법

약 먹고
살 뺀다는 환상

지우's 다이어리

여름방학이 끝나고 학교에 갔는데 아영이를 보고

깜짝 놀랐어. 몰라 보게 살이 빠졌더라고.

반 애들 시선이 전부 아영이한테 집중됐어.

"대박! 무슨 다이어트 했어?"

아영이에게 질문 폭탄이 쏟아졌어.

그런데 아영이는 비밀스럽게 웃기만 하는 거야.

우리는 속이 탔지. 무슨 특별한 다이어트를 한 걸까?

그런데 아영이가 전과 달리 좀 아파 보였어.

눈 밑에 다크서클도 진하고 기운도 없는 것 같아.

살 빼는 약이 살 빼주는 법

"나 다이어트 할 거야"라고 외칠 뿐 실제로 살을 빼는 사람은 별로 없지. 먹는 걸 줄이자니 나를 유혹하는 맛있는 음식이 너무 많고, 운동을 열심히 하자니 그건 너무 힘들어서 곤란해. 사실 제일 중요한 건 꾸준히 하는 것 아니겠어? 그걸 모르는 사람은 없지. 실천하기 어려우니 우리는 더 쉬운 방법을 찾아 헤매잖아. 그렇게 이곳저곳에서 정보를 찾다가 접하는 것이 바로 식욕억제제 같은 살 빼는 약들이야. 살 빼는 약은 정말 내 몸의 지방들을 손쉽게 사라지게 할까? 과연 약만 먹으면 평생을 날씬하게 살 수 있을까?

'살 빼는 약'이라고 불리는 비만치료제의 원리는 매우 간단해. 에너지 섭취를 줄이거나 에너지 소비를 늘리는 것으로, 딱 두 가지야. 에너지 섭취를 줄이는 방법은 뇌에 작용해 식욕을 억제하거나 위장에서의 흡수, 특히 지방의 흡수를 억제하는 방법이 있어. 그리고 에너지 소비를 늘리는 데는 열 생성을 촉진하는 약물이 쓰여.

갑상샘 호르몬은 열 생성을 늘리는 대표적인 물질로, 우리 몸의 신진대사 속도를 조절해. 갑상샘 호르몬이 많이 분비되면 열이 많이 발생하고 에너지 소비가 늘면서 살이 빠지지. 그래서 한때 갑상샘 호르몬을 몸무게를 줄이는 약으로 처방하기도 했어. 살은 빠질지 몰라도 갑상샘 호르몬이 불러오는 엄청난 부작용 때문에 더는 비만치료제로 사용하지 않아. 요즘 사용하는 살 빼는 약은 대부분 에너지 섭취를 줄이는 약이야. 특히 식욕을 억제하는, 다시 말해 입맛을 떨어뜨리는 약물이 많아.

식욕억제제도 여러 가지

식욕억제제는 1990년대 말부터 활발히 개발되어 시중에 판매되었어. 미국 식품의약국(FDA)에서 1997년 승인받은 리덕틸과 2012년 승인받은 벨빅은 한때 큰 인기를 끌었지만, 부작용이 드러나면서 시장에서 퇴출되었지. 비만치료제는 부작용이 조금만 늘어도 허가가 취소되는 일이 흔해.

2012년 탁월한 체중 감량 효과를 보이는 큐시미아가 FDA 승인을 받아 출시됐어. 우리나라에서는 2019년에 판매 승인을 받았지. 큐시미아는 향정신성 식욕억제제와 뇌전증 약이 합해진 약이야. 펜터민은 청소년들 사이에서 '나비약'으로 알려진 식욕억제제의 성분이기도 하지. 펜터민은 마치 각성제처럼 중추신경계를 흥분시키는 작용을 해. 시상하부 식욕 중추에서 도파민이나 노르에피네프린의 양을 늘려 식욕을 억제하지.

현재 비만치료제 세계를 평정한 약물은 삭센다라는 식욕억제제야. 삭센다는 원래 당뇨병 치료제로 쓰이는 호르몬인데, 체중 감량에도 효과가 좋아서 비만치료제로 사용하게 되었어. 2018년 우리나라 시장에 나온 후 많은 인기를 얻었지. 그런데 삭센다는 매일 주사로 투여해야 해. 단백질계 호르몬이기 때문에 입으로 먹으면 파괴되어 버리거든.

위장관에서 지방 흡수를 억제하는 약물로는 제니칼이 대표적이야. 제니칼은 지방을 분해하는 효소를 억제해. 그래서 사용하면 몸속의 지방은 줄었지만, 몸무게는 3~8퍼센트 정도밖에 감소하지 않아 효과가 그리 크지 않았어. 제니칼은 2000년대 초에 인기를 끌었는데, 복용하는 데 불편한 점이 많았다고 해. 화장실을 자주 드나들어야 했기 때문이지. 가끔은 매우 급하게 신호가 오는 때도 있어서 제니칼을 먹을 때는 흰 바지를 입으면 안 된다는 말이 있을 정도였어.

문제는 남용이야

문제는 엄격한 진단에 따라 처방되어야 할 비만치료제가 무분별하게 사용될 때가 많다는 거야. 살 뺄 필요가 없는 사람도 비만클리닉을 방문하면 간단한 상담 후에 약을 구할 수 있다고 해. 우리나라 식품의약품안전처는 식욕억제제의 처방 기준을 체질량지수 30 이상으로 정하고 있어. 또한 10대에게 처방하는 것은 엄격히 금하고 있지. 하지만 다이어트 커뮤니티에 올라온 경험담에 따르면, 체질량지수가 20 미만인 사람들도 어렵지 않게 다양한 약을 처방받는다고 해. 비만이 아니지만, 몸무게와 음식에 대한 강박으로 식욕억제제를 구하는 사람들이 많은 것으로 보여.

향정신성 식욕억제제는 마약으로 분류되기 때문에 원래는 처방 기준이 매우 엄격해. 보통은 4주 이내로만 먹도록 권고하고 있어. 의사의 판단에 따라 필요하다면 4주 이상도 복용할 수 있지만, 3개월 넘게 처방하면 안 된다고 해. 하지만 환자 중 75퍼센트는 여러 병원을 돌아다니며 4주를 초과해서 식욕억제제를 처방받았어. 그리고 39퍼센트는 3개월을 초과해서 처방받았는데, 심지어는 10년 넘게 펜터민을 복용한 사람이 있을 정도야. 약을 끊으면 다시 살이 찔까 봐 무서워서 계속해서 찾게 되는 거야.

우리나라 자료에 따르면 식욕억제제를 처방받은 사람의 92퍼센트는 여성이었어. 그중 식욕억제제를 복용하면 안 되는 10대 여학생들도 처방받는 것으로 나타났지. 우리나라 여성의 비만율은 남성과 비교해 훨씬 낮아. 그런데 왜 이런 현상이 나타날까? 여성이 남성보다 마른 몸을 동경하고, 비만을 바라보는 삐뚤어진 시각이 여성에게 더욱 가혹하게 적용되기 때문이야.

특히 우리나라 10대 여학생은 다른 나라와 비교해 외모를 더 중시하는 경향이 있다고 해. 2006년 실시한 10대의 외모에 관한 인식 조사에 따르면, 우리나라 여학생은 외모 만족도와 자신감이 매우 낮게 나타났어. 17살이 되기 전에 다이어트를 시작한 비율은 절반에 달했을 정도였지.

효과는 믿을 만해?

사실 비만치료제 중에서 장기적인 관점에서 효과적으로 사용할 만한 약물은 없다고 봐도 무방해. 세계보건기구는 "비만에 대한 정보가 부족하므로 어떤 방법이나 약도 일상적인 사용을 추천할 수 없다. 체중 조절 약은 비만을 치료할 수 없다. 투약을 중단하면 다시 몸무게가 증가한다"라고 선언했어.

무엇보다 큰 문제는 심각한 부작용이야. 약마다 사람마다 다르지만, 모든 비만치료제는 가벼운 우울감부터 불면증, 피로, 집중력 저하, 심하면 환청, 망상, 발작 등이 나타날 수 있어. 특히 향정신성 식욕억제제는 중독성이 있으니 각별한 주의가 필요하지. 오랜 기간 먹으면 부작용이 생길 가능성도 커진다는 걸 명심해야 해.

그러니까 현시점에서 약으로 손쉽게 살을 뺀다는 건 불가능에 가까워. 우리 몸은 약에 속을 만큼 멍청하지 않고, 일단 복용하면 부작용을 감수해야 하고, 1년 이상 투약할 수 없기 때문이지. 약물을 이용한 다이어트는 단기간은 몰라도 장기간은 지속할 수 없다는 걸 기억해. 미국 식품의약국과 우리나라에서 승인받은 약물 중에서 체중 감량을 위해 계속해서 안전하게 쓸 수 있는 약물은 하나도 없어. 미래에는 혹시 모르겠지만, 아직은 없어.

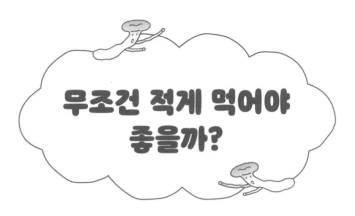

무조건 적게 먹어야 좋을까?

지우's 다이어리

저녁 먹고 넷플릭스를 보면서 포테토칩 한 봉지를

간단하게 해치웠어. 어차피 먹는 거 칼로리는

신경 안 쓰려고 하는데 문득 과자 봉지에 적힌

칼로리를 보고 뜨악했어. 한 봉지에 겨우 60그램밖에

안 들었는데 무려 345킬로칼로리라는 거야!

갑자기 저녁밥으로 몇 칼로리나 먹었는지 궁금해졌어.

찾아보니 밥 한 공기만으로 310킬로칼로리라네.

그런데 참 이상해. 포테토칩은 칼로리는 쌀밥과 비슷한데

왜 한 봉지를 다 먹어도 배가 안 부를까?

칼로리 계산 없이 살 빼는 법

다이어트에 관한 2,000년도 더 된 상식이 있어. '살을 빼고 싶다면 덜 먹고 많이 움직여라.' 우리 몸에 지방으로 저장되는 에너지는 들어온 에너지(섭취량)에서 나간 에너지(소모량)을 뺀 값과 같다는 개념은 많은 사람이 당연하게 받아들여 왔어. 쉽게 말해, 몸에 필요한 것보다 많이 먹으면 지방으로 저장되어 몸무게가 늘고, 적게 먹으면 지방을 분해해 몸무게 줄어든다는 믿음이지.

하지만 이 오랜 믿음은 사실이 아님이 밝혀졌어. 식욕을 조절하는 호르몬(렙틴, 인슐린, 그렐린, 펩타이드 YY)의 반응은 음식에 따라 다르게 나타나고, 그에 따라 포만감이나 지방이 쌓이는 양상도 달라지거든. 칼로리가 같은 크루아상과 귀리로 만든 오트밀을 먹었다고 생각해 볼까?

포만감 지수가 낮고 혈당 지수는 높은 크루아상은 혈당과 인슐린 수치를 빠른 속도로 높이고 남은 에너지는 지방으로 저장해. 또 그렐린을 억제하는 정도는 약하다 보니 먹은 후에도 여전히 허기를 느끼게 되지. 한마디로 과식하기 쉬워지는 거야.

반면 오트밀은 혈당과 인슐린 수치를 천천히 올리고

오랫동안 포만감을 유지하게 해. 그렐린도 잘 억제해서 쉽게 배고파지지 않아. 이렇게 같은 칼로리더라도 무엇을 먹느냐에 따라 우리 몸은 다른 반응을 보이는 것이지.

다이어트를 할 때 칼로리를 따져 가며 적게 먹으려고 노력하는 사람들이 많은데, 그럴 필요가 전혀 없어. 칼로리를 줄이는 것보다 중요한 건 음식의 종류거든. 가공 정도가 낮은 자연식품에 가까운 음식은 포만감이 충분해서 과식하기 힘들어. 같은 칼로리의 콜라와 브로콜리 중 어느 것이 먹기 쉽겠어?

연구 결과를 보면 가공식품과 설탕을 덜 먹고 채소 같은 건강한 자연식품을 꾸준히 먹은 사람은 몸무게를 크게 줄였다고 해. 그 과정에서 지방이나 탄수화물을 얼마나 먹는지는 따지지 않았어. 칼로리 계산도 전혀 않았지. 먹는 양을 줄이는 다이어트가 아니라 충분히 먹는 다이어트로 몸무게를 줄일 수 있다니 놀랍지 않아?

아침은 든든히 먹자

사실 세끼만 시간 맞춰 잘 먹어도 살이 찔 걱정은 하지 않아도 돼. 인슐린을 에너지 저장 호르몬이라고 했던 것 기억하지? 아침, 점심, 저녁 식사 후에는 혈당이 오르면서 인슐린 분비가 증가해. 식사 후 몇 시간이 지나면 혈당이 떨어지고 인슐린 분비도 감소하지. 그러니까 인슐린 분비 증가로 지방이 생기고, 인슐린 분비 감소로 지방이 사라지는 것이 반복되는 거야.

특히 인슐린 분비가 가장 적은 저녁과 다음 날 아침 사이에는 지방 분해가 가장 활발히 일어난다고 할 수 있어. 하지만 식사와 식사 사이에 간식을 먹고, 자기 전에 야식까지 먹으면 인슐린 수치는 떨어질 시간이 없겠지. 지방의 축적은 계속 이루어지고 살찔 가능성은 커지는 거야.

체중 조절을 위해서는 아침을 배불리 먹는 게 좋아. '아침은 황제처럼, 점심은 평민처럼, 저녁은 거지처럼 먹어라'라는 말도 있잖아. 똑같이 칼로리를 제한하는 다이어트를 하더라도 아침에 많이 먹는 것이 저녁에 많이 먹은 것보다 체중 감량 효과가 좋다는 연구 결과도 있어.

이스라엘 연구진은 비만 여성 93명을 대상으로 하루에

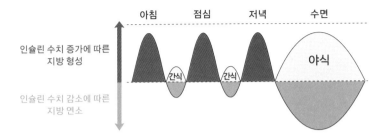

식사 시간에 따른 지방량 변화

1,400킬로칼로리가 넘지 않게 먹도록 하는 실험을 12주 동안 시행했어. 한 그룹에는 아침 700킬로칼로리, 점심 500킬로칼로리, 저녁 200킬로칼로리를 먹게 했지. 아침을 든든히 저녁은 가볍게 먹은 거야. 다른 그룹에는 아침 200킬로칼로리, 점심 500킬로칼로리, 저녁 700킬로칼로리를 먹게 했어. 거꾸로 아침은 가볍게 저녁은 든든히 먹은 거지.

아침을 잘 먹은 사람들은 12주 후 몸무게가 평균 8.7킬로그램 줄었어. 반면에 저녁을 든든히 먹은 그룹은 평균 3.6킬로그램 감량에 그쳤지. 두 그룹이 하루에 섭취하는 칼로리는 같았지만, 언제 많이 먹느냐에 따라 결과가 크게 달라진 거야.

아침을 든든히 먹은 그룹은 배고픔 호르몬인 그렐린의

수치가 온종일 더 낮았어. 공복감이 훨씬 덜 했던 거지. 그렐린은 저녁 식사보다 아침 식사에 더 민감하게 반응해서 잘 억제된다고 알려졌거든. 그리고 소화 과정에서 이뤄지는 열 생성도 아침을 잘 먹은 그룹에서 우수하게 나타났어. 아침을 먹은 직후의 열 생성은 점심, 저녁 식사 직후보다 더 왕성하다고 알려졌거든. 게다가 지방세포는 저녁에 더욱 활발히 지방을 저장한다고 해. 저녁에 많이 먹으면 지방이 쌓여 살이 찌기 쉽다는 거야.

특히 자라나는 청소년에게 아침 식사는 매우 중요해. 아침을 잘 먹으면 뇌가 가장 원하는 포도당 공급이 원활해지거든. 그럼 두뇌 활동을 돕고 집중력을 높여서 공부에 도움이 되지. 실제로 아침 식사를 잘하는 학생은 수능점수가 좋았다는 조사도 있었어. 매일 아침 식사를 한 학생은 일주일에 2일 이하로 아침을 먹은 학생보다 평균 점수가 20여 점이나 높았다고 해. 이 조사 말고도 아침 식사가 학업 능률 향상과 정서적 안정에 도움이 된다는 연구는 많이 있어. 반대로 아침을 거르는 청소년은 비만의 위험성이 커진다는 조사도 있어. 이 정도면 아침 식사를 잘해야 할 이유가 충분하지?

식습관 들여다보기

지우's 다이어리

졸음을 참으면서 한밤중까지 공부를 하고 있었어.

샤프심을 꺼내려고 책상 서랍을 열었는데

서랍 한 켠에 먹다 남은 밀크 초콜릿이 보이는 거야.

밀크 초콜릿은 별로 안 좋아해서 원래 잘 안 먹거든.

그래도 마침 입이 심심했는데 잘 됐다 싶었지.

맛은 별로였지만 남은 초콜릿을 다 먹어 버렸어.

그런데 다 먹고 보니 왜 먹었나 싶더라.

주는 대로 먹고, 보는 대로 먹고

일상생활에서 가장 반복하는 일은 먹는 일이 아닐까? 먹으려면 일단 뭘 먹을지 결정해야 하는데, 우리는 그 결정을 늘 의식하고 내릴까? 연구해 보니 우리는 음식과 관련한 결정을 하루에 200번 정도 한다고 해. 이 모든 결정을 매번 의식하는 사람은 거의 없겠지. 점심을 먹고 어제 먹고 남은 과자를 왜 먹었는지, 부침개를 먹을 때 간장을 듬뿍 찍어 먹었는지를 유심히 따지지 않잖아. 별생각 없이 그렇게 먹기를 결정할 때가 훨씬 많을 거야.

이런 식습관을 '무의식적으로 먹기'(mindless eating)라고 불러. 우리는 생각보다 무의식적으로 먹을 때가 많아. 예를 들면, 작은 접시에 담아 먹을 때보다 큰 접시에 담아 먹으면 많이 먹게 되지. 정말 접시 크기 때문에 더 먹을 정도로 우리가 단순할까? 큰 접시에 음식을 담아 먹으면 실제보다 더 적게 느껴지기 때문에 생각보다 많이 먹게 돼. 특히 어린이들은 이 효과를 더 심하게 느낀다고 해. 그릇 크기를 줄이면 적게 먹는 데 도움이 된다는 말이야.

누구나 지우처럼 맛이 없는데도 그냥 먹어 본 경험이 있을 거야. 원인은 간단해. 그 음식이 주변에 있었기 때문이지. 음식이 보이는 곳에 있으면 그 음식에 대해 더 생각하게 되고, 더 먹고 싶어지는 거야. 초콜릿을 속이 훤히 보이는 투명 용기에 넣었을 때와 밖에서 보이지 않는 불투명 용기에 넣었을 때, 사람들은 어느 쪽 초콜릿을 더 먹을까? 투명 용기에 담았을 때 71퍼센트나 더 먹었다고 해. 그러니 음식을 덜 먹고 싶다면 보이지 않은 곳으로 치워야겠지. 눈에서 멀어지면 마음에서 멀어지리라!

멀티태스킹에 재능 없는 뇌

혼자 밥 먹을 때 스마트폰으로 영상을 보면서 먹지 않아? 현대인들은 먹는 동시에 다른 무언가를 하는 멀티태스킹을 흔히 하지. 사실 우리 뇌는 멀티태스킹에 약하다고 해. 다른 행동을 하면서 밥을 먹으면, 먹는 행위에만 집중하기 어렵다는 말이야. 먹는 순간에 몰입하지 않으니 얼마나 먹었는지 제대로 의식하기 힘들어. 그 때문에 과식할 위험도 커지지.

예전에는 TV를 켜놓고 식사하는 사람이 많았지만, 요즘은 스마트폰을 보면서 먹잖아. 그런데 식사할 때 영상물을 보면서 음식을 먹으면 무의식적으로 음식에 손을 뻗고, 먹는 양에 주의를 기울이지 못하고, 먹는 시간도 길어진다고 해. 또한 프로그램의 종류에 따라 남자와 여자 사이에 차이가 생겨. 여자는 슬픈 영화를 보면 팝콘을 28~55퍼센트 더 먹는 경향이 있다는 연구 결과가 있어. 그리고 남자 어린이는 액션 영화를 보면서 간식을 더 많이 먹는다고 해.

학자들은 한 가지 일에만 집중해야 뇌를 더 효과적으로 쓸 수 있다는 것을 밝혀냈어. 멀티태스킹을 하면 주의력과 집중력이 떨어지고 주어진 정보에 대한 기억력도 떨어진다고 하지. 우리 뇌는 한 번에 여러 가지 일을 하도록 만들어지지 않았거든. 그러니 식사 시간에는 먹는 일에만 집중하는 게 좋겠지.

기분 전환에는 초콜릿?

2020년에 '나를 위로하는 음식은 무엇인가요?'라는 온라인 설문조사가 있었어. 1위는 떡볶이, 2위는 치킨이 차지했지. 누구나 방과 후 학교 앞 분식집에 들러 친구들과 수다를 떨면서 먹는 떡볶이, 시험 끝나고 집에서 시켜 먹는 치킨 맛을 알 거야. 냄새만 맡아도, 생각만 해도 마음을 편안하게 해주는 음식을 '위로 음식'이라고 불러. 스트레스로 감정이 솟구치는 순간에도 이런 음식을 먹으면 따스한 엄마 품으로 돌아간 것처럼 마음이 안정되기도 하지. 미국에서는 많은 사람이 피자, 초콜릿, 아이스크림을 위로 음식으로 꼽았어. 위로 음식은 대부분 고칼로리, 고지방, 고설탕 음식인 경우가 많아.

왜 우리는 심리적 스트레스를 받으면 위로 음식을 찾을까? 달달하고 기름진 음식은 뇌의 쾌락 중추에서 도파민이 나오게 하고 기분을 잠시나마 좋게 해. 위로 음식은 입안에서 특별한 변화를 일으키면서 마음을 빠르게 안정시키는 효과도 있어. 입속에 들어온 위로 음식은 사르르 녹으면서 밀도가 변하는데, 우리는 그 변화에 집중하면서 위안을 얻어. 위로 음식을 먹으면 이런 긍정적인 효과가 있다는 걸 잘 아니까 스트레스를 받을 때마다 곧장 위로받을 수 있는 음식을 찾게 되는 거야.

하지만 슬플 때 초콜릿을 먹어도 별다른 도움이 안 된다는 연구 결과도 있어. 매우 감동적인 영화를 보고 나서 울적해진 사람은 평소 스트레스받을 때마다 즐겨 먹는 음식을 먹는지와는 상관없이 시간이 흐르면 저절로 기분이 나아졌다고 해. 그러니까 기분 전환용으로 초콜릿을 먹는 것은 별로 효과가 없다는 말이야. 그래도 맛있으니까 안 먹는 것보다는 낫지 않을까?

　문제는 기분이 요동치는 상황에서는 판단 능력이 흐려질 수 있어. 감정적 동요가 크면 음식의 칼로리나 지방 함량을 잘 인식하지 못한다는 연구 결과가 있거든. 사람들에게 각각 행복한 내용, 슬픈 내용, 그리고 지루한 내용의 영화를 보게 한 후 우유와 생크림을 섞어 만든 식품에 들어 있는 지방 함량을 맞춰 보게 했어. 지루한 영화를 본 사람은 비교적 잘 맞췄지만, 슬픈 영화를 본 사람은 실제보다 훨씬 지방 함량이 낮다고 이야기했지. 슬플 때 이런 음식을 먹으면 과식할 위험이 크다는 걸 알 수 있어.

호르몬을 내 편으로!

지우's 다이어리

외국에 사는 이모가 오랜만에 한국에 왔어.

기억하기로 이모는 꽤 몸집이 컸는데

완전히 다른 사람이 된 것처럼 날씬해진 거야.

20킬로그램 넘게 살을 빼고 몇 년 동안 유지하고 있대.

비결이 궁금해서 질문을 퍼부었지.

"먹는 걸 줄였어?", "무슨 운동했는데?"

이모는 먹는 양은 전혀 줄이지 않았지만,

운동은 꾸준히 하고 있다고 말했어.

굶는 다이어트는 결코 오래 지속할 수 없다는 걸

깨달았다는 거야. 이모의 비법은 다름 아닌

'다이어트 하지 않기'였대. 그리고

'호르몬을 내 편으로 만들기'였다는 거야.

그런데 호르몬에도 네 편 내 편이 있나?

미친 식욕을 잠재우고 싶다면

지금까지 알아봤듯이 무리하게 먹는 양을 줄이는 다이어트는 반드시 실패해. 이 사실을 명심해야 해. 먹을 게 없어서 굶는지, 살을 빼려고 일부터 안 먹는지를 구별할 능력이 없는 우리 몸은 음식이 안 들어오면 비상근무 체제에 돌입하거든. 에너지가 줄어들 상황을 대비하는 거야. 구두쇠처럼 에너지를 아껴 쓰니 기초대사량은 점점 떨어지고 배고픔은 하늘을 모르고 치솟지. 이런 몸의 변화를 의지만으로 이겨 낼 사람은 흔치 않을 거야.

　더구나 어딜 가도 우리를 유혹하는 맛있는 음식이 많잖아. 마트나 편의점만 가도 "날 데려가세요" 하고 손짓하는 수많은 음식이 우리를 기다려. 밖에 나가지 않아도 스마트폰으로 배달앱을 이용하면 1시간도 안 돼서 집 앞에 음식이 도착하지. 이런 상황에서 꾹꾹 참아 가며 덜 먹기 위해 노력한다는 건 정신과 신체 모두 피폐해지는 삶으로 걸어 들어가는 거나 마찬가지야.

어떻게 하면 시도 때도 없이 찾아오는 식욕의 유혹을 떨쳐 내고 건강한 '소식좌'가 될 수 있을까? 억지로 참아서 양을 줄이는 게 불가능하다면, 힘 들이지 않고 과식하지 않는 방법은 없을까?

우리의 식욕은 호르몬에 지배받지만, 호르몬은 환경에 반응해. 바로 이 사실 알면 좋겠어. 환경을 조금만 바꿔 주면 호르몬은 변화하고 식욕은 자연스럽게 다스려지거든. 물론 앞으로 제시할 방법을 한 번에 다 실천하기는 어려워. 조급함은 금물이야. 습관이 될 때까지 조금씩 꾸준히 해나가는 게 중요해. 한두 개씩 일과에 포함하고 차차 하나씩 더하다 보면 변화는 분명 찾아올 거야. 지금부터 호르몬을 내 편으로 만들어 자연스럽게 식욕을 다스리는 방법을 알아보자.

인슐린 내 편 만들기

식욕을 다스리는 첫 번째 관문은 '에너지 저장 호르몬'이라 불리는 인슐린을 내 편으로 만드는 거야. 세상에는 혈당을 쉽게 올려 인슐린 수치를 급격히 높이는 음식이 가득하고, 과도한 인슐린 분비는 렙틴 저항성을 일으켜 식욕 조절에 큰 방해가 되거든.

인슐린 수치를 낮추려면 설탕을 비롯한 정제된 탄수화물 섭취를 줄여야 해. 가장 먼저 추천하는 방법은 탄산음료와 가당 음료 대신 물을 마시는 거야. 피자를 먹을 때 콜라는 빼고 주문해 보자. 콜라가 포함된 햄버거 세트 메뉴 대신 단품으로 먹는 것도 좋겠지. 처음에는 어색하고 어려울 수도 있지만 습관이 되면 갈망은 사라질 거야.

인슐린 수치를 낮추는 두 번째 방법은 운동이야. 사실 운동은 인슐린을 효율적으로 작용하게 하는 최고의 방법이기도 해. 운동으로 근육을 단련하면 혈액 속의 포도당 소비를 촉진해서 혈당을 떨어뜨리고, 지방 사용을 늘려서 인슐린 저항성이 생기는 것을 막아 주거든. 근육이 늘어나면 우리 몸의 대사 상태가 크게 나아지는 거지.

세 번째 방법은 식이섬유를 많이 먹는 거야. 통곡물과

견과류에 많이 들어 있는 불용성 식이섬유는 변을 두껍고 부드럽게 만들어서 빠르게 배출하게 해. 그리고 과일, 채소, 해초류에 많은 수용성 식이섬유는 위에서 음식물을 천천히 소화해 포만감을 느끼게 해서 포도당의 흡수 속도를 늦추는 역할을 하지. 불용성과 수용성, 이 두 가지 식이섬유가 조화를 이뤄 인슐린 감수성을 높여. **인슐린 감수성**은 인슐린 저항성과 반대되는 개념으로 인슐린 감수성이 높으면 세포가 인슐린에 잘 반응해.

그렐린 내 편 만들기

'배고픔 호르몬'이라고 하는 그렐린을 내 편으로 만드는 방법은 간단하면서도 어려워. 바쁜 현대인에게는 말이지. 그건 바로 세끼를 제때 먹는 거야. 특히 아침은 거르지 않는 것이 좋아. 아침을 제대로 먹어야 온종일 식욕을 잘 조절할 수 있거든. 아침 식사의 중요성은 앞에서도 강조했으니 잘 알 거라고 믿어.

아침에는 단백질이 풍부한 식품을 먹는 것이 그렐린 수치를 낮게 유지하는 데 더욱 좋아. 만약 아침을 거른다면 그렐린은 계속 높아져 있으니 허기를 계속 느낄 거야. 단백질은 탄수화물이나 지방보다 태우는 데 더 많은 칼로리가 필요해서 열 생성을 효과적으로 하는 이점도 있어. 다시 말해 칼로리를 더 많이 태울 수 있다는 얘기지.

제일 중요한 건 야식을 끊는 거야. 역시 쉽지 않지? 야식을 먹으면 다음 날 아침 식사를 거르기 쉬워. 아침을 건너뛰면 점심이나 저녁을 많이 먹을 가능성이 크지. 하루에 같은 양을 먹더라도 나눠 먹는 것보다 폭식하는 게 호르몬 균형에 큰 영향을 미칠 수 있어. 혈당과 인슐린 수치가 많이 오를 테니 지방으로 쉽게 저장되는 최적의 조건이 되는 거야.

펩타이드 YY 내 편 만들기

포만감을 느끼게 하는 펩타이드 YY 호르몬은 많이 나오면 좋아. 우리는 배고픔 호르몬인 그렐린 분비가 줄어들어도 금방 먹기를 멈추지는 않아. 배부름을 확실하게 느끼는 게 중요하거든.

그러려면 펩타이드 YY 수치가 충분히 높아져야 하는

데, 그러려면 20분 정도 시간이 필요해. 식사에서 충분한 포만감을 느끼려면 최소한 20분은 있어야 한다는 말이지. 소장에서 분비하는 펩타이드 YY가 시상하부 포만 중추에 충분히 작용하려면 20분쯤 걸리거든. 그러니 식사는 천천히 하는 게 좋아. 만약 10분 안에 밥을 다 먹었다면 10분만 더 기다려 봐. 10분 후에도 여전히 배가 고프면 더 먹어도 되지만 대부분은 배부름을 느낀다고 해.

　　그리고 식이섬유가 풍부한 식사를 하면 포만감을 더 잘 느낄 수 있어. 식이섬유는 음식이 소화관을 빨리 통과하게 도와주거든. 소장으로 내려가는 속도가 빨라져서 소장을 자극해 신속하게 펩타이드 YY 농도를 올려.

코르티솔 내 편 만들기

마지막은 '스트레스 호르몬' 코르티솔 분비를 줄이는 거야. 현대인이 스트레스를 피하기는 불가능에 가까우니 가장 어려운 방법일 수 있어. 금방 지나가는 스트레스는 삶에 긴장감을 주고 활력을 불어넣지만, 오랫동안 해결되지 않고 지속되는 만성 스트레스는 코르티솔 수치를 계속 높여. 우리 몸에 여러 부정적인 영향을 미치지. 스트레스를 받으면 과식하기도 쉬워. 특히 고설탕, 고지방, 고칼로리 음식을 더 많이 먹게 해. 그러면 뱃살은 늘어나고 인슐린 저항성이 생겨서 제2형 당뇨병으로 이어지기도 하지.

코르티솔 분비를 줄이는 가장 효과적인 방법은 바로 운동이야. 진부하게 들리겠지만 사실이야. 운동을 하면 코르티솔 수치를 종일 낮게 유지할 수 있거든. 남녀노소 가릴 것 없이 운동은 가장 효과 좋은 스트레스 해소법이야. 특히 청소년은 운동 시간을 늘리는 것만으로도 행동이나 성적이 개선되었다는 연구 결과가 많아. 바쁘더라도 시간 내서 한바탕 운동하고 나면 스트레스도 줄이고 몸도 건강해지니 일거양득이지.

또 하나의 방법은 충분히 자는 거야. 코르티솔 수치는 한밤중에 가장 낮고 잠에서 깨어난 직후인 오전 6~8시에 가장 높아. 다시 말해 잠이 부족하면 코르티솔 수치가 떨어지기 어려워. 수면 부족은 피로를 부르고 신경을 날카롭게 해. 짜증이 늘고 집중력이 떨어지면 학습 능률도 오르기 힘들겠지.

오래 자는 것이 힘들다면 방해받지 않는 수면 환경을 만들어 깊이 자는 것이 중요해. 침실을 어둡게 유지하거나 안대 사용하기, 침실에 스마트폰 가지고 들어가지 않기, 저녁에는 커피 마시지 않기 같은 방법이 있어.

모든 식사가 그저 행복이기 위해

사람이 사는 데 꼭 필요한 조건은 뭘까? 흔히 말하는 의식주 중 '식', 역시 먹는 것 아니겠어? 음식은 생존 요소에서 공기와 물 다음으로 중요해. 하지만 사람은 영양분을 얻을 목적으로만 음식을 먹지 않잖아. 우리는 즐거움을 위해 먹는 유일한 동물이지. 사랑하는 사람들과 식탁에 둘러앉아 도란도란 이야기를 나누며 먹는 저녁 한 끼는 그 무엇과도 바꿀 수 없는 행복일 거야.

미국의 저널리스트 마이클 폴란은 《푸드 룰》이라는 책에서 호르몬을 내 편으로 만드는 데 도움이 되는 64개의 법칙을 정리했어. 간단히 3가지로 요약하면 다음과 같아.

첫째, '음식을 먹자.' 가공을 많이 거친 초가공식품이 아닌 원래 자연 상태에 가까운 '진짜' 음식을 먹으라는 얘기야. 둘째, '과식하지 말자.' 첫 번째 원칙을 따르면 어렵지 않게, 어쩌면 저절로 지킬 수 있어. 과자는 계속 먹을 수 있어도 브로콜리를 배 터지도록 먹진 않잖아. 셋째, '되도록 채소 위주로, 특히 잎채소 위주로 식사하자.' 다시 말해 육식을 하더라도 채식을 지향하는 식단을 꾸리라는 거야.

64개라고 하니 지켜야 할 것이 엄청나게 많아 보이지? 하지만 음식을 먹는 데 대단한 비결이나 풍부한 지식은 별로 필요하지 않아. 폴란이 제시한 원칙을 항상 다 지킬 필요도 없어. 그래서인지 폴란도 마지막 법칙은 '가끔은 법칙을 어긴다'로 정했거든. 결국은 나의 몸과 마음을 위한 일인데, 어떤 법칙을 지키기 위해 괜한 스트레스를 받으면 안 되잖아. 가끔의 일탈은 누구에게나 필요해. 당장 도넛이 너무 먹고 싶은데 억지로 참을 필요는 없어. 어떤 음식이든 먹을 수 있다고 생각하면 도넛이 너무 먹고 싶어지는 순간은 저절로 줄어들 거야.

"행복은 미래의 목표가 아니라 현재의 선택이다." 프랑스 소설 《꾸뻬 씨의 행복 여행》에 나오는 문장이야. 이 문장을 곱씹으며 앞으로 모든 식사가 그저 행복이기를 바랄게.

참고 자료

게리 타우브스, 강병철 옮김, 《설탕을 고발한다》, 알마, 2019

김윤아, 《또, 먹어버렸습니다》, 다른, 2021

데이비드 A. 케슬러, 이순영 옮김, 박용우 감수, 《과식의 종말》,
　문예출판사, 2010

로버트 러스티그, 이지연 옮김, 《단맛의 저주》, 한경비피, 2014

리언 래퍼포드, 김용환 옮김, 《음식의 심리학》, 인북스, 2006

리차드 랭엄, 조현욱 옮김, 《요리 본능》, 사이언스북스, 2011

마이크 애덤스, 김아림 옮김, 《음식의 역습》, 루아크. 2017

마이클 모스, 연아람 옮김, 《음식 중독》, 민음사, 2023

마이클 모스, 최가영 옮김, 《배신의 식탁》, 명진출판사, 2013

마이클 L. 파워·제이 슐킨, 김성훈 옮김, 《비만의 진화》, 컬처룩, 2014

마이클 폴란, 김현정 옮김, 《요리를 욕망하다》, 에코리브르, 2014

마이클 폴란, 조윤정 옮김, 《마이클 폴란의 행복한 밥상》, 다른세상, 2009

멜라니 뮐·디아나 폰 코프, 송소민 옮김, 《음식의 심리학》, 반니, 2017

박승준, 《내 몸의 설계자, 호르몬 이야기》, 청아출판사, 2022.

박승준, 《비만이 사회문제라고요》, 초록서재, 2021

박승준, 《비만의 사회학》, 청아출판사, 2021

박용우, 《음식중독》, 김영사, 2015

브라이언 완싱크, 강대은 옮김, 《나는 왜 과식하는가》, 황금가지,
   2008

앤드루 젠킨슨, 제효영 옮김, 《식욕의 과학》, 현암사, 2021

유르겐 브라터, 이온화 옮김, 《정장을 입은 사냥꾼》, 지식의 숲, 2009

유진규, 《맛의 배신》, 바틀비, 2018

존 앨런, 윤태경 옮김, 《미각의 지배》, 미디어윌, 2013

존 유드킨, 조진경 옮김, 《설탕의 독》, 이지북, 2014

지닌 로스, 조자현 옮김, 《가짜식욕이 다이어트를 망친다》, 예인,
   2013

찰스 스펜스, 윤신영 옮김, 《왜 맛있을까》, 어크로스. 2018

커렌 케이닉, 윤상운 옮김, 《가짜 식욕 진짜 식욕》, 예지, 2011

케이 쉐퍼드, 김지선 옮김, 《음식중독》, 사이먼북스, 2013

키마 카길, 강경이 옮김, 《과식의 심리학》, 루아크, 2020

피에르 베일, 양영란 옮김, 《빈곤한 만찬》, 궁리, 2009

다른 포스트

뉴스레터 구독

식욕이 왜 그럴 과학

오늘도 침샘 폭발! 내 맘 같지 않은 입맛의 비밀

초판 1쇄   2023년 11월 25일

지은이   박승준

펴낸이   김한청
기획편집   원경은 차언조 양희우 유자영
마케팅   현승원
디자인   이성아 박다애
운영   설채린

펴낸곳 도서출판 다른
출판등록 2004년 9월 2일 제2013-000194호
주소 서울시 마포구 동교로 27길 3-10 희경빌딩 4층
전화 02-3143-6478   팩스 02-3143-6479   이메일 khc15968@hanmail.net
블로그 blog.naver.com/darun_pub   인스타그램 @darunpublishers

ISBN 979-11-5633-587-0 43400

다른 생각이
다른 세상을 만듭니다